FOOD SERVICE MANAGEMENT PRACTICE

영양사 직무능력 향상을 위한

단체급식 실습서

머리말

우리나라의 단체급식은 급속한 사회변화와 경제성장에 힘입어 단기간 동안 발전과 성장을 거듭해왔으며, 2018년 현재 약 4,000여 명의 영양사가 사회 각계, 다양한 영역에서 활동하고 있다. 현대인의 생애주기에서 볼 때 영유아보육 및 교육시설에서 초등학교, 중·고등학교, 대학교, 나아가 직장, 노인복지시설까지 단체급식이 필수적인 부문으로 자리잡으면서 영양사의 역할의 중요성이 강조되고 급식산업 발전의 원동력이 되고 있다.

한편 급식시설 현장은 아직도 영세적인 시설이 있는가 하면, 최근 AI가 시설에 도입된 첨단시설까지 급식시설로 갖추고 있는 조건의 변수가 커서 단체급식을 관리, 운영해야 하는 영양사에게는 급식관리의 종합적인 능력이 요구되고 있다. 하지만 다양한 조건을 가진 현장에서 탄력 있게 업무를 수행할 수 있는 영양사를 양성하기 위해 일관된 교육만으로는 쉽지 않은 상황이다. 더군다나 급식산업 발전과 트렌드의 변화에 따라 관련 지식 또한 누적되어 이 모든 것을 교육과정에 넣어 교육하기에는 시간의 제약 또한 큰 상황이다.

또한 실제 식품영양학을 전공한 학생들은 대부분 경험이 부족한 가운데 취업을 하게 되므로 영양사로서 역할을 수행하는 데 많은 어려움을 안고 있다. 따라서 현장과 유사한 환경과 업무를 제공하여 영양관리, 구매관리, 생산·작업관리, 작업관리, 시설·설비관리 및 위생관리 등 제반 급식관리 업무를 실습하여 실무기술을 익히는 것이 필요하다.

이에 본 단체급식 실습서는 급식관리 업무를 단계별로 관련 이론과 실습으로 나누어 구성하였다. 이론 부분에서 먼저 기본을 다지고, 이를 바탕으로 현장 체험의 장에서 문제해결의 기회를 부여하고 훈련함으로써 현장의 어떤 조건에서든지 능력을 발휘할 수 있는 적응력과 적절한 의사결정 및 솔선수범할 수 있는 영양사로 양성될 수 있도록 내용을 구성하였다.

한편, 각 대학의 실습실은 현장과 차이가 커서 실무교육을 위한 내용을 동일하게 적용하기 어려운 상황이다. 이에 저자들은 현장에서의 경험과 교육의 노하우를 살려 대학의 실습실에서 수행할 수 있도록 급식관리에서 공통적으로 필요한 내용을 발췌하여 실습서로 엮어 보았다. 학생들에게 급식관리자인 영양사로서 급식시설의 실제 현장에서 수행해야 할 일과, 발생할 수 있는 여러 상황에 대한 간접 경험의 장을 제공하고자 함이다.

이 책은 수년간 한 대학의 단체급식 실습 한 학기 교육내용으로 수업을 진행하기 위해 엮어서 매년 내용을 보완하기를 거듭한 실습서로 영양사를 지망하는 학생들과 공유하기 위해 저자들의 지혜를 모아 실습서로 출간하기 위해 용기를 낸 것이다. 아직 부족한 점이 많지만 앞으로 급식 현장의 변화를 반영하면서 좀 더 현장에 근접한 내용으로 보완해 나갈 것을 다짐한다.

끝으로 이 작은 책이 학생들의 손에 닿을 수 있도록 도와주신 유제구 사장님과 김재원 전무님께 진심으로 감사드린다.

저자 일동

차례

이 책의 특징

이 실습서는 단체급식 현장의 업무 진행과정을 고려하여 구성하였으며, 조리 실습 시설의 규모와 보유하고 있는 시설 여건에 따라 다양한 실습을 재구성하여 활용할 수 있다.

단체급식 실습 일정표

주	실습주제
1주	**단체급식 실습의 개요**
2주	**급식시설·설비관리 :** 단체급식실의 면적과 조리기구 시설·설비 조사하기
3주	**영양관리 및 식단 작성 :** 식사구성안과 식품교환표 활용 식단 작성
4주	**생산·작업관리 :** 표준레시피 작성하기
5주	**구매관리 및 원가관리 :** 식재료 구매를 위한 발주량 계산하기
6주	**급식안전관리 :** 작성한 메뉴를 활용한 원산지 표시 연습하기
7주	**급식서비스관리 :** 단체급식소별 발생할 수 있는 문제 상황에 따른 시나리오 작성과 역할 연기
8주	중간평가
9주	**저단가 식단 작성과 생산·작업관리 연습**
10주	**고단가 식단 작성과 생산·작업관리 연습 :** 단가별 비교하기
11주	**중단가 식단 작성과 생산·작업관리 연습 :** 작업공정과 작업계획서 작성하기
12주	**학교급식 식단 작성과 위생관리연습 :** 식단 작성에 따른 위생관리(HACCP 중심)
13주	**복지시설 식단 작성과 급식 시스템 :** 노인급식시설 식단
14주	**이벤트식 :** 세미나·행사를 위한 도시락 만들기/ 간이 샐러드바 만들기
15주	**급식산업의 트렌드 알아보기**
16주	최종평가

제1장

단체급식 실습의 개요

1. 이론적 배경

1) 단체급식 실습의 목적과 중요성

외식과 집단생활의 증대와 더불어 다양한 급식서비스의 형태가 우리의 식생활에 있어서 비중이 높아지고 있다. 기숙사, 학교, 병원, 사회복지시설, 산업체, 국가 및 지방자치단체시설 등 "집단급식소"로 정의된 급식시설에서 특정 다수인을 대상으로 계속적으로 급식서비스가 활발하게 이루어지고 있다(식품위생법 제2조 제12호). 집단급식소는 1일 50명 이상에게 식사를 제공하는 급식소로(식품위생법 시행령 제2조), 급식소를 이용하는 피급식자들에게 알맞은 영양공급과 안전한 급식이 제공되도록 운영하는 것은 매우 중요하다. 따라서 성공적인 집단급식을 운영하기 위해 급식관리 전반에 걸쳐 직무능력을 갖춘 급식관리자가 요구된다.

그러나 식품영양학을 전공한 학생들이 대부분 경험 없이 취업을 하는 경우가 많을 뿐만 아니라, 이론 중심의 학습만으로는 급식산업 현장에서 요구하는 영양사 직무를 만족스럽게 수행하는 데 많은 어려움을 겪게 된다. 이와 같은 현실을 고려하여 현재 국가 수준에서 산업 현장 직무 중심의 인적자원 개발을 위한 국가직무능력표준National Competency Standards, NCS을 개발하여 산업 현장에서 요구되는 실무 중심의 교육·훈련 과정의 필요성을 강조하고 있다. 급식산업 현장 역시 다양한 관리능력을 요구하는 전문분야로 식품영양학을 전공하여 급식관리자로서의 직무를 수행하는 데 체계적인 지식, 기술 및 태도를 갖추는 것은 중요하다.

단체급식 운영은 매우 다양한 분야의 지식과 관리능력이 요구되는 분야이다. 급식관리자인 영양사는 성공적인 급식관리를 위해서 식단 작성을 시작으로 구매관리, 위생관리, 생산·작업관리 및 시설·설비관리 등 제반 업무를 계획, 실시 및 평가하는 통합적인 수행능력이 요구된다. 또한 급식운영 결과를 분석하고, 그 결과를 바탕으로 업무 개선을 위한 통제 및 환류feedback할 수 있는 분석적 사고능력을 키우도록 노력해야 한다

따라서 본 단체급식 실습의 목적은 현장밀착형 교육환경 속에서 다양한 업무를 실습함으로써 단체급식관리의 주요한 기본지식을 더욱 확고하게 하고, 실제 현장에서 수행해야 할 일과 발생할 수 있는 여러 상황을 경험하여 급식관련 실무능력과 문제해결능력을 익히고자 한다. 또한 급식관리 실습을 통해 고객의 만족도 향상을 위한 최상의 급식서비스 방안을 창출하고, 더 나아가 조직 발전에 기여할 수 있는 경영적 마인드와 리더십을 함양하는 데 있다.

2) 단체급식 실습을 위한 준비사항

단체급식관리 업무는 매우 다양한 요소로 구성되어 있으므로 실습 시 단체급식의 현장감을 익히기 위해 사전에 준비해야 할 사항이 많다.

원활한 실습을 진행하기 위해서 다음과 같은 사항을 사전에 계획, 준비하고 점검한다.

표 1-1 **실습을 위한 기본 준비물**

목록	내용
복장	위생복, 위생모, 위생화 등
참고서	실습서, 메뉴개발 및 레시피북, 급식시설·설비 및 조리기구 관련 참고서, 시장조사 및 원가관리 참고서, 식품위생법 및 산업안전보건법 등 법률 관련 참고서 등
기타	필기도구, 계산기 및 기타 사무용품

2. 실습

실습 주제 1 : 단체급식의 유형별 흐름을 이해하고 다양한 급식체계를 적용해 본다.

〔**실습 1**〕 식품위생법 제2조제12호에 따른 집단급식소의 유형을 나열하고, 급식의 목적을 서술해 본다.
〔**실습 2**〕 식단 작성에서 배식까지 급식 업무의 흐름을 나열하고, 단계별 급식관리 업무를 연결해 본다.
〔**실습 3**〕 전통적 급식 시스템 외에 다양한 급식 시스템의 유형과 장단점을 비교해 본다.

실습 주제 2 : 조원(팀원)과의 원만한 인간관계를 형성하고, 적극적인 태도와 책임감에 대한 영양사의 역할을 이해하여 급식관리지도자로서의 리더십을 키운다.

〔**실습 1**〕 브레인스토밍 기법을 활용하여 조원 구성을 위한 원칙을 결정한다(예 : 학번순, 가나다순, 지역별 등).
〔**실습 2**〕 결정된 조원(팀원)들과의 토의를 통해서 조(팀)의 특징을 잘 표현할 수 있는 조명(팀명)을 정하고, 그에 대한 배경을 설명한다.

표 1-2 **실습 조(팀) 편성하기 : 조(팀)명 ____________________**

직무	이름	주요 업무	연락처와 기타사항
조장			
조원			
조원			
조원			
조원			
조원			

제2장

급식시설·설비 관리

1. 이론적 배경

1) 급식시설·설비관리의 목적

급식시설·설비는 작업공간과 설비된 기기를 말하며, 급식운영에 커다란 영향을 미친다. 시설·설비 계획의 목적은 급식을 효과적으로 실시하고 관리하기 위하여 최대의 작업능력을 발휘할 수 있도록 계획하는 것이다. 따라서 시설·설비 계획 시 위생, 안전, 능률 및 경제성을 반영하며, 시설·설비의 예산과 규모, 급식의 목적과 급식대상, 급식의 유형, 제공되는 메뉴, 급식소의 위치, 및 급식종사자의 복리 후생 등 다양한 사항을 반드시 고려해야 한다. 그 밖에도 급식관리자는 급식운영의 효율성을 높이기 위해서 최신 기기와 동향을 파악하고, 집단급식소별 관련 법령에서 제시하는 시설·설비 기준에 따라 충분한 공간계획과 기기선정, 레이아웃 등을 고려한 급식시설을 설치하여 운영해야 한다.

표 2-1 급식관리자가 알아두어야 할 급식시설·설비 관련 법령

1. 식품위생법(같은 법 시행령 및 시행규칙)
2. 식품 및 축산물 안전관리인증기준(HACCP)
3. 학교급식법(같은 법 시행령 및 시행규칙)
4. 의료법(같은 법 시행규칙)
5. 폐기물관리법(같은 법 시행령 및 시행규칙)
6. 소방기본법(같은 법 시행령 및 시행규칙)
7. 산업안전보건법(같은 법 시행령 및 시행규칙)
8. 가스시설사용검사 관련 법규(고압가스안전관리법/액화석유가스안전관리법/도시가스사업법)
9. 먹는물관리법 등

2) 급식시설·설비관리 중점사항

효율적인 급식생산을 도모하고, 안전한 급식환경을 유지·관리하기 위해서는 다음과 같은 사항을 중심으로 급식시설·설비관리를 하도록 한다.

표 2-2 급식시설·설비관리 중점사항

중점사항	주요 내용
관리책임제	기기별, 구역별 책임자 명시와 관리 운영
정기적 기기관리	규칙적인 보수점검 계획 및 실시
급식종사원 교육	새로운 시설·설비 시 조리기기 조작방법, 청소방법 및 유지·관리방법의 교육
매뉴얼 작성 및 관리	기기별 사용설명서 및 기기관리대장 관리
보수계획 및 관리	기기 도입 후 기기별 또는 시설 전반에 관한 보수관리 계획 수립

3) 단체급식시설에서의 주요 조리기기

단체급식시설은 식재료와 물품의 이동 흐름에 따라 식재료 반입, 검수, 저장, 전처리 및 조리, 배식 및 퇴식과 세척의 순으로 작업구역이 구성된다. 작업의 특성에 따라 조리기기 및 기구가 설비가 되어 있으면 작업동선을 단축하고 능률적인 작업을 할 수 있다.

표 2-3 **작업 개선을 위한 작업단계별 조리기기 및 기구의 예**

작업 흐름	작업 내용	주요 조리기기 및 기구
반입·검수	식재료 반입 및 품질검사, 분류	검수대, 계량기, 운반차, 용도별 온도계, 손 세정대 및 소독기
저장	식품별·온도별 식재료 분류작업과 정리정돈	냉장·냉동시설, 건조창고, 보관용기, 온도계, 각종 운반차, 다단식 선반
전처리	선별, 세척, 다듬기, 썰기, 침지, 데치기, 해동하기	작업대 및 싱크대, 칼과 도마, 식기소독고, 박피기, 용도별 절단기, 믹서와 블렌더, 스팀솥, 제빙기, 장화 및 앞치마 소독기, 칼·도마 소독기
조리	밥짓기, 가열조리, 튀기기, 굽기, 무치기 등	저울, 세미기, 취반기, 가스솥, 스팀솥, 오븐, 브로일러, 튀김기, 그리들, 만능조리기(tiltin pan), 급속냉동기(blast chiller), 직화오븐 등
운반·배식	상차림, 일시 보관, 배식	식기류, 보온·보냉 배식대 및 운반차, 온·냉식수기, 배식용 도구류
세척·소독	식기회수, 세척, 소독, 음식물쓰레기 처리	식기세척기, 식기소독고, 칼·도마 소독기, 운반차, 잔반처리대, 손소독기, 장화 및 앞치마 소독기, 냉장고 등
보관	소독된 식기 분류 및 정리정돈	선반, 식기보관고(소독보관고)

출처 : 강남이 외, 단체급식, 파워북, 2017

2. 실습

실습 주제 : 급식소의 구조와 동선을 파악하고, 각 구역 설비된 조리기기와 용도를 확인한다.

[실습 1] 급식시설의 평면도 그려 보기

급식소의 평면도 예(그림 2-1)를 참조하여 학교별 단체급식 실습실의 평면도를 그려 보기(단체급식 실습실이 없는 경우 다양한 급식시설의 평면도를 조사해 보기)

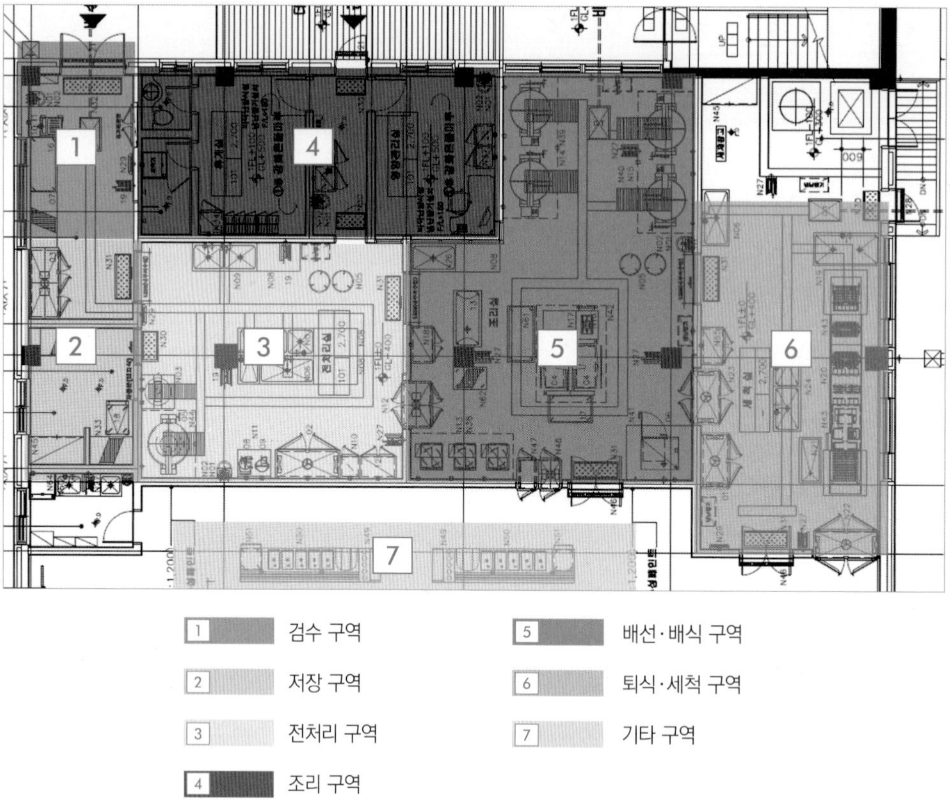

그림 2-1 **급식시설 평면도의 예**

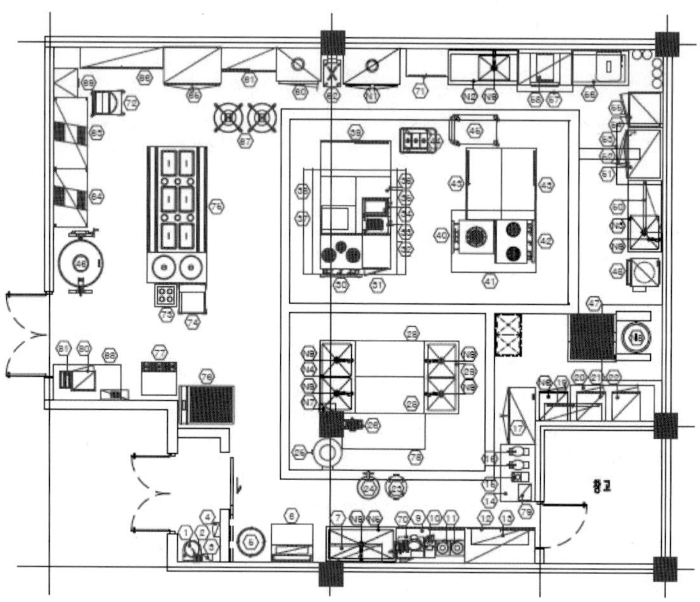

그림 2-2 **대학교 다량조리실습실 평면도의 예**

학교별 단체급식 실습실의 평면도 그리기 1

학교별 단체급식 실습실의 평면도 그리기 2

(실습 2) 급식시설에 설비된 조리기기 목록을 조사하고, 그림 2-2와 표 2-2를 참조하여 조리기기의 명칭, 모델명 및 용도에 대하여 조사하고 표 2-3-1~3을 활용하여 정리하기

표 2-2 조리기기 목록표의 예

NO	DESCRIPTION		DIMENSION L	DIMENSION W	DIMENSION H	Q'TY	WATER CONN. C.W	WATER CONN. H.W	WATER CONN. DRAIN	GAS PIPE	GAS UNIT	GAS TOTAL (kcal/h)	ELEC. 220V UNIT	ELEC. 220V TOTAL (KW)	ELEC. 380V UNIT	ELEC. 380V TOTAL (KW)	EXHAUST AIR CMH	EXHAUST AIR TOTAL (㎥/h)	SUPPLY AIR CMH	SUPPLY AIR TOTAL (㎥/h)	REMARKS
	개선안																				
01	손세정대			페달식		1	15A	15A	50A												
02	손소독기			분무식		1															
03	핸드드라이어					1							1.00	1.00							
04	페이퍼타올디스펜서					1															
05	앞치마걸이대		Ø600		1,180	1															
06	2단검수대	HKNCT-900MS	1,600	800	800	1															
07	벽부착랙선반		1,100	520		1															
08	1조세정작업대		900	600	850	1	15A	15A	50A												
09	작엽대/하부찬장		1,500	750	850	1															
10	야채절단기	RG-100				1							0.40	0.40							
11	커터블랜더믹서	VCM-61				1							0.90	0.90							
12	식기찬장		1,500	750	1,800	1															
13	벽찬장		1,200	400	600	1															
14	작엽대/하부선반		1,200	750	800	1															
15	파코젯	PACOJET				1							1.00	1.00							
16	믹서기	HALLDE				2							1.00	2.00							
17	칼도마살균보관고		1,200	600	1,800	1							1.10	1.10							
18	공란																				신규 교체
19	벽찬장		1,200	400	600	1															
20	작덥대/하부선반		1,800	750	850	1															
21	행주살균보관고		580	450	600	1							1.00	1.00							
22	고무장갑살균보관고		520	540	700	1							1.00	1.00							
23	잔반수거운반차/이중망		Ø470		580	1															
24	페달식쓰레기통		Ø350		820	1															
25	감자탈피기			20KG		1	15A		50A				0.40	0.40							
26	청소용호스릴			15M		1	15A	15A													
27	1조세정대/하부선반		1,500	750	850	1	15Ax2	15Ax2	50A												
28	작덥대/하부선반		1,500	750	850	2															
29	2조세정대/하부선반		1,500	750	850	1	15Ax2	15Ax2	50Ax2												
30	가스3구렌지/밸브식		900	750	850	1				25A	31,100	31,100									
31	작덥대/하부찬장		600	750	850	1															
32	급배기후드/유지망		2,200	2,200	600	1							0.20	0.20			5,390	5,390	4,310	4,310	
33	전기튀김기	NEFC 4-60 AM	380	600	260	1									6.00	6.00					NAYATI
34	전기깊은그리들	NEGP 4-60 AM	380	600	260	1							3.20	3.20							NAYATI
35	보조대		1,200	750	260	1															
36	받침대/하부선반		1,200	750	590	1															
37	작업대/하부서랍&선반		600	750	850	1															
38	작업대		600	750	850	1															
39	작업대/하부찬장		1,500	750	850	1															
40	가스낮은렌지/밸브식		750	750	450	1				25A	22,000	22,000									
41	배기후드/유지망		1,300	1,800	600	1							0.10	0.10			3,370	3,370			
42	가스2구렌지/밸브식		900	700	850	1				25A	26,000	26,000									
43	작업대/하부찬장		1,500	750	850	2															
44	양념운반카	HKSC-A1R	420	800	1,080	1															
45	3단운반카		800	500	800	1															
46	가스회전식국솥			300인용		1	15A			25A	36,000	36,000									
47	배기후드/유지망		1,600	1,300	600	1							0.10	0.10			3,000	3,000			
48	가스자동밥솥			100인용		1				20A	19,000	19,000	0.10	0.10							RINNAI
49	공란																				신규 교체
50	벽부착랙선반		1,100	520		1															
51	콤비스팀오븐	CONVOTHERM		6단		1	15A		50A						11.50	11.50					
52	오븐받침대		1,080	750	850	1															
53	배기후드/유지망		1,300	1,000	600	1							0.10	0.10			1,880	1,880			
54	브라스트칠러	IRINOX	700	700	840	1							1.30	1.30							

그림 2-3-1 단체급식에서 활용되는 조리기기의 예

전자저울

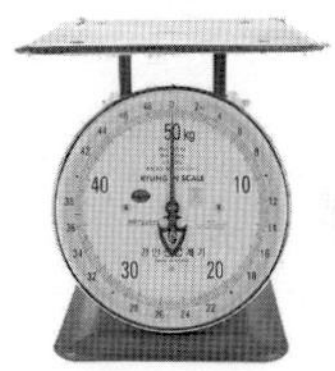

지시저울

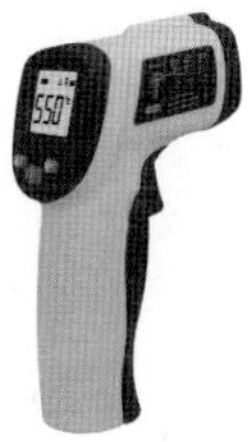

적외선 비접촉식 표면온도계

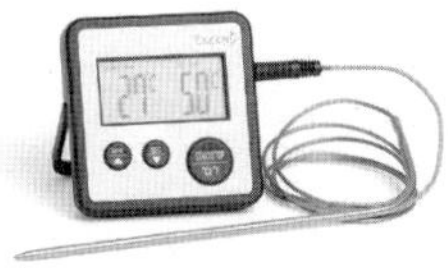

전자식 탐침온도계(팜타입)

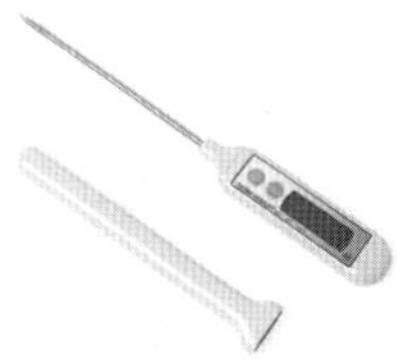

전자식 탐침온도계(펜타입)

디지털 온습도계

냉장고 온도계

튀김용 온도계

캔디용 온도계

이동식 무침통

이동식 싱크대

소쿠리 운반차

튀김 운반차

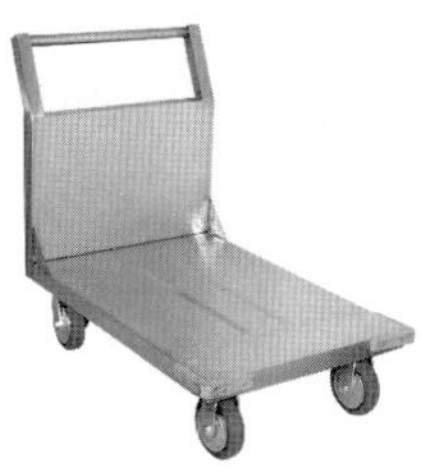

L형 운반차

U형 운반차

그림 2-3-2 **단체급식에서 활용되는 조리기기의 예(계속)**

표 2-3-1 조리기기 및 기구 대장 서식

일련번호	기기명	모델명	규격 및 용량	보유수	용도	비고·구입년도
1						
2						
3						
4						
5						
6						
7						
8						
9						
10						
11						
12						
13						
14						
15						
16						
17						
18						
19						
20						
21						
22						
23						
24						
25						

표 2-3-2 조리기기 및 기구 대장 서식

일련번호	기기명	모델명	규격 및 용량	보유수	용도	비고·구입년도
26						
27						
28						
29						
30						
31						
32						
33						
34						
35						
36						
37						
38						
39						
40						
41						
42						
43						
44						
45						
46						
47						
48						
49						
50						

표 2-3-3 조리기기 및 기구 대장 서식

일련번호	기기명	모델명	규격 및 용량	보유수	용도	비고·구입년도
51						
52						
53						
54						
55						
56						
57						
58						
59						
60						
61						
62						
63						
64						
65						
66						
67						
68						
69						
70						
71						
72						
73						
74						
75						

(**실습 3**) 작업동선의 효율적 측면과 위생적인 측면을 고려한 급식시설 평면도 계획하기

제3장

영양관리 및 식단 작성

1. 이론적 배경

국가표준 식품성분표(농촌진흥청, 2017)에는 국내에서 생산, 소비되는 곡류, 채소류, 과일류 등 총 3,000점 식품에 대한 열량, 무기질, 비타민, 식이섬유 등 43종의 영양성분과 아미노산, 지방산, 식염상당량, 폐기율을 수록하였다. 폐기율은 식품의 구입 상태를 기준으로 섭취하지 않는 부위인 뼈, 껍질, 씨앗 등을 분리하여 측정한 무게(100 g 기준)로 나타내었다. 영양성분 함량은 가식부 100 g 기준이므로 실제로 섭취하는 음식의 조리 시의 영양 손실뿐만 아니라 폐기율도 고려해야 한다. 국립농업과학원의 농식품종합정보시스템의 식단관리(메뉴젠)를 활용하면 식단 작성이 가능하다(http://koreanfood.rda.go.kr).

식품성분표를 이용하지 않고서도 식생활로 인하여 발생할 수 있는 건강문제를 예방하기 위해 일반인들도 쉽게 영양소단위를 식품단위로 전환하여 생애주기별 식단을 계획할 수 있도록 고안된 것이 **식사구성안**이다. 식품군별 대표식품과 권장식사패턴의 섭취 횟수를 이용하여 건강한 식사를 할 수 있도록 식사의 내용을 구성하여 제시하였다(2015 한국인 영양소 섭취기준, 보건복지부, http://www.kns.or.kr/index.asp).

또한 체중조절 환자나 당뇨병 환자의 식단에 이용하기 위해 에너지와 3대 영양소를 쉽고 간단하게 계산할 수 있도록 고안한 것이 **식품교환표**를 이용한 식단 작성이다. 식품교환표는 영양성분이 비슷한 식품들을 같은 군으로 묶어 동일한 식품군에서는 대략 비슷한 열량, 당질, 지방, 단백질 함량을 갖는 집단의 식품군이므로 제시된 중량으로 서로 대치하거나 바꾸어 섭취할 수 있도록 만든 표이다(대한영양사협회, 대한당뇨병학회, 한국영양학회, 대한지역사회영양학회, 2010).

식사구성안과 식품교환표는 **균형 잡힌 식단 작성을 위한 활용도구**로써 다음과 같은 특징이 있다.

식사구성안을 활용한 건강인의 식단 작성

식사구성안은 일반인들도 쉽게 한국인 영양소 섭취기준에 맞추어 1일 식단을 작성하여 간단하고 편리하게 이용할 수 있도록 계획하였다. 영양소 섭취기준은 국민의 건강증진 및 질병예방을 목적으로 에너지와 영양소의 적정섭취량을 나타낸 것으로 영양소단위를 식품단위로 전환하여 식사 섭취가 적절한지를 평가하고, 복잡한 영양가 계산을 피하고 영양소 섭취기준에 충족되는 식단을 작성할 수 있도록 생애주기별 권장식사패턴을 제시하였다.

1) 영양목표

식사구성안의 영양목표는 한국인 영양소 섭취기준의 에너지 적정섭취비율인 탄수화물은 55~65%, 단백질은 7~20%, 지방은 15~30%(1~2세의 경우 20~35%)로 섭취하고, 소금은 5 g 이하(나트륨

2,000 mg), 설탕이나 물엿과 같은 첨가당은 되도록 적게 섭취하는 것이다.

그림 3-1 식품구성자전거

출처 : 보건복지부, 2015 한국인 영양소 섭취기준

표 3-1 식사구성안의 영양목표와 일반적 개념의 목표

섭취허용		섭취주의	
에너지	100% 에너지 필요추정량	지방	1~2세 총에너지의 20~35%
단백질	총에너지의 약 7~20%		3세 이상 총에너지의 15~30%
비타민 무기질	100% 권장섭취량 또는 충분섭취량, 상한섭취량 미만	당류	설탕, 물엿 등의 첨가당은 최소한으로 섭취
식이섬유	100% 충분섭취량		
일반적 개념의 목표			
1. 건강인의 건강증진을 위한 것이다. 2. 과학적 근거를 기반으로 식사구성안을 개발해야 하며, 그러기 위해서는 최신 연구결과와 국민건강영양조사의 최신 조사결과를 반영해야 한다. 3. 식사구성안은 한국인의 식생활지침에도 부합되도록 전반적인 식생활을 포함하는 내용으로 권장한다. 4. 식사구성안은 일반인들이 사용하기 쉽고 간편해야 한다. 5. 식사구성안은 영양소 섭취기준의 목표가 실제 식생활에 적용이 가능해야 한다. 6. 식사구성안은 사용자의 개인 선호식품에 따라 동일한 식품군 내에서는 식품의 변화를 주고자 할 때 식품의 대체가 용이하며, 변경한 식품은 식품 간의 영양소가 충족되어야 한다.			

출처 : 보건복지부, 2015 한국인 영양소 섭취기준

2) 각 식품군의 대표식품과 1인 1회 분량

(1) 식품군의 분류

우리나라 국민들이 자주 섭취하는 다빈도 식품을 바탕으로 각 식품군의 대표식품을 선정하였다. 대표 영양가표는 선정한 대표식품의 영양소 함량을 바탕으로 1인 1일 해당 식품 섭취량의 평균값을 가중치로 사용하여 산출하였다. 각 식품의 분포나 통상적으로 1회 섭취하는 양을 바탕으로 1인 1회 분량을 설정한 후, 에너지 함량을 고려하여 1인 1회 분량에 해당하는 횟수를 제시하였다.

표 3-2 식사구성안의 식품군 분류

식품군의 분류	주요 대표식품의 1인 1회 분량(g)
곡류	쌀밥(210), 백미(90), 가래떡(150), 건국수(90), 라면사리(120), 팥빵(80)
	0.3회 : 감자(140), 고구마(70), 옥수수(70), 식빵(35), 시리얼(30), 과자(30)
고기·생선·달걀·콩류	돼지고기, 닭고기, 쇠고기, 고등어, 명태, 참치통조림, 달걀(60) / 소시지, 햄, 어묵(30) / 오징어, 바지락, 새우, 두부(80) / 건멸치, 명태포, 건오징어(15) / 대두(20)
	0.3회 : 잣(10), 땅콩(10)
채소류	당근, 양배추, 오이, 무, 애호박, 콩나물, 부추, 풋고추, 상추, 시금치, 토마토, 양파(70) / 배추김치, 총각김치, 열무김치, 깍두기(40) / 표고버섯, 느타리버섯(30) / 마늘(10) / 김(2)
과일류	참외, 수박, 딸기(150) / 사과, 배, 복숭아, 귤, 오렌지, 바나나, 키위, 감, 포도, 과일주스(100) / 건포도, 건대추(15)
우유·유제품류	우유(200 mL) / 액상요구르트(150) / 아이스크림, 호상요구르트(100) /치즈(20)
유지·당류	깨, 콩기름, 마요네즈, 버터(5) / 설탕, 물엿, 꿀(10)

출처 : 보건복지부, 2015 한국인 영양소 섭취기준

표 3-3-1 1인 1회 식품 섭취량의 대표 영양가표

식품군	에너지(kcal)	단백질(g)	지방(g)	탄수화물(g)	식이섬유(g)	칼슘(mg)	인(mg)
곡류	282.8	5.61	1.89	59.63	1.81	17.52	105.28
고기·생선·달걀·콩류	106.1	9.95	6.41	1.34	0.44	35.21	106.16
채소류	13.6	1.01	0.17	3.09	1.35	25.93	24.35
과일류	53.5	0.88	0.30	13.76	1.30	9.72	22.69
우유·유제품류	123.9	5.35	4.67	15.16	0.31	205.65	145.97
유지·당류	38.3	0.49	2.08	4.60	0.04	5.85	12.03

(계속)

식품군	철 (mg)	나트륨 (mg)	칼륨 (mg)	비타민 A (㎍RE*)	티아민 (mg)	리보플라빈 (mg)	니아신[2] (mg)	비타민 C (mg)
곡류	1.03	103.89	178.03	1.94	0.13	0.07	1.27	2.83
고기·생선·달걀·콩류	1.20	105.65	125.07	22.25	0.11	0.11	1.61	0.30
채소류	0.63	195.43	152.57	72.69	0.04	0.04	0.36	10.76
과일류	0.92	8.32	196.56	80.38	0.06	0.04	0.43	21.44
우유·유제품	0.55	109.79	247.03	44.88	0.08	0.22	0.33	3.16
유지·당류	0.14	5.95	84.23	0.28	0.00	0.01	0.69	0.01

* 비타민 A의 RAE에 대한 데이터베이스 부재로 기존의 RE로 제시하였으며, 2015년 한국인 영양소 섭취기준에는 RAE로 제시되어 있음

출처 : 보건복지부, 2015 한국인 영양소 섭취기준

(2) 식품군별 대표식품의 선정과 1인 1회 분량

식품군별 대표식품은 국민건강영양조사 최근 5년치 자료, 즉 국민건강영양조사 제4기 3차년도(2009년), 제5기 1차년도(2010년), 2차년도(2011년), 3차년도(2012년), 제6기 1차년도(2013년) 자료를 통합 분석하여 도출하였다. 선정기준은 국민건강영양조사의 1차, 2차, 3차 식품코드 중 상용식품명이 동일하고 수분 함량이 유사하여 섭취량 산출 시 합산이 가능한 식품을 1개 식품으로 분류하기 위한 2차 코드를 사용하여 다빈도 식품을 도출하였다(질병관리본부, 2012). 대상자는 영양소 섭취기준에서 남자 및 여자를 6세부터 구분함을 감안하여 6세 이상을 포함하여 분석하였으며, 2012년 국민영양통계(한국보건산업진흥원, 2015)에서 다빈도 식품을 도출하는 방법과 동일한 방법을 사용하여 1인당 다빈도 식품을 산출하였다. 즉 24시간 회상법 조사자료에서 1인이 해당 식품을 섭취했는지 여부(섭취 또는 섭취하지 않음)에 기반하여 빈도 수를 산출하였다. 이와 같은 선정기준을 만족하는 식품을 대표식품군으로 선정하였다.

1인 1회 분량 설정의 기본원칙은 동일 식품군 내에서 일정한 에너지 기준을 충족해야 하rh 실제 분포 및 인지하기 쉬운 분량을 고려하였으며, 1인 1회 분량에 해당하는 섭취횟수는 식품군의 에너지 함유량을 맞추는 방향으로 결정하였다.

① 식품섭취분포

평균mean, 중앙값median, 최빈값mode을 고려하여 1인 1회 분량을 설정하였다. 예로, 닭고기의 최빈값은 60~65 g이므로 1인 1회 분량을 60 g으로 설정하였다.

② 인지하기 쉬운 분량 고려

식품의약품안전처에서 고시하는 1회 제공기준량을 고려하여 포장단위로 익숙한 분량으로 설정하였다. 1회 제공량은 소비계층이 통상적으로 1회 섭취하기에 적당한 식품의 양으로서(식품의약품안전처

고시 제2015-20호; 식품의약품안전처 고시 제2014-107호), 열량과 영양소에 대한 정보를 제공하는 영양표시에서 기준단위로 사용되고 있다. 예로, 햄, 소시지, 베이컨의 경우 30 g이다.

개별로 섭취하는 식품의 경우 각 개별 단위를 고려한다. 예로, 쌀밥은 한 공기에 해당하는 백미 90 g을, 달걀은 1개 분량이 인지하기 쉽고 기준단위로 적합하므로 달걀 60 g을 1회 섭취 분량으로 설정하였다.

③ 식품군별 1인 1회 분량 설정

- 곡류의 대표식품 분량 및 해당 횟수는 평균 에너지 함량 300 kcal에 해당되도록 한다. 예로, 식빵 1쪽에 해당하는 35 g을 1회 분량으로 설정하면 약 100 kcal에 해당되므로 0.3회라는 1인 1회 분량에 해당하는 횟수를 제시하였다.
- 고기·생선·달걀·콩류는 1인 1회 분량이 평균 에너지 함량 100 kcal, 평균 단백질 함량 10 g에 해당한다. 육류의 경우 60 g으로 설정하였으나, 가공식품인 햄, 소시지, 베이컨은 식품의약품안전

표 3-4 곡류의 주요 식품 1인 1회 분량 및 1회 분량에 해당하는 횟수

	품목	식품명	1회 분량(g)[1)]	횟수[2)]
곡류 (300 kcal)	곡류	백미, 보리, 찹쌀, 현미, 조, 수수, 기장, 팥	90	1회
		옥수수	70	0.3
		쌀밥	210	1회
	면류	국수(말린 것)	90	1회
		국수(생면)	210	1회
		당면	30	0.3회
		라면 사리	120	1회
	떡류	가래떡/백설기	150	1회
		떡(팥소, 시루떡 등)	150	1회
	빵류	식빵	35	0.3회
		빵(잼빵, 팥빵 등)	80	1회
		빵(기타)	80	1회
	시리얼류	시리얼	30	0.3회
	감자류	감자	140	0.3회
		고구마	70	0.3회
	기타	묵	200	0.3회
		밤	60	0.3회
		밀가루, 전분, 빵가루, 부침가루, 튀김가루, 믹스	30	0.3회
	과자류	과자(비스킷, 쿠키)	30	0.3회
		과자(스낵)	30	0.3회

1) 1회 섭취하는 가식부 분량임

2) 곡류 300 kcal에 해당하는 분량을 1회라고 간주하였을 때 해당 1회 분량에 해당하는 횟수

처 고시의 1회 제공량인 30 g으로 설정하였다.

- 채소류는 1인 1회 분량이 에너지 함량 평균 15 kcal에 해당되도록 하고 김치를 포함하였다. 다른 생채소에 비해 에너지 함량이 높은 우엉은 40 g으로 설정하였다.

표 3-5 고기·생선·달걀·콩류의 주요 식품 1인 1회 분량 및 1회 분량에 해당하는 횟수

	품목	식품명	1회 분량(g)[1]	횟수[2]
고기·생선·달걀·콩류 (100 kcal)	육류	쇠고기(한우, 수입우)	60	1회
		돼지고기, 돼지고기(삼겹살)	60	1회
		닭고기	60	1회
		오리고기	60	1회
		햄, 소시지, 베이컨, 통조림햄	30	1회
	어패류	고등어, 명태/동태, 조기, 꽁치, 갈치, 다랑어(참치)	60	1회
		바지락, 게, 굴	80	1회
		오징어, 새우, 낙지	80	1회
		멸치자건품, 오징어(말린 것), 새우자건품, 뱅어포(말린 것), 명태(말린 것)	15	1회
		다랑어(참치통조림)	60	1회
		어묵, 게맛살	30	1회
		어류젓	40	1회
	알류	달걀, 메추라기알	60	1회
	콩류	대두, 완두콩, 강낭콩	20	1회
		두부	80	1회
		순두부	200	1회
		두유	200	1회
	견과류	땅콩, 아몬드, 호두, 잣, 해바라기씨, 호박씨	10	0.3회

1) 1회 섭취하는 가식부 분량임
2) 고기·생선·달걀·콩류 100 kcal에 해당하는 분량을 1회라고 간주하였을 때 해당 1회 분량에 해당하는 횟수

표 3-6 채소류의 주요 식품 1인 1회 분량 및 1회 분량에 해당하는 횟수

	품목	식품명	1회 분량(g)[1]	횟수[2]
채소류 (15 kcal)	채소류	파, 양파, 당근, 풋고추, 무, 애호박, 오이, 콩나물, 시금치, 상추, 배추, 양배추, 깻잎, 피망, 부추, 토마토, 쑥갓, 무청, 붉은고추, 숙주나물, 고사리, 미나리	70	1회
		배추김치, 깍두기, 단무지, 열무김치, 총각김치	40	1회
		우엉	40	1회
		마늘, 생강	10	1회
	해조류	미역, 다시마	30	1회
		김	2	1회
	버섯류	느타리버섯, 표고버섯, 양송이버섯, 팽이버섯	30	1회

1) 1회 섭취하는 가식부 분량임
2) 채소류 15 kcal에 해당하는 분량을 1회라고 간주하였을 때 해당 1회 분량에 해당하는 횟수

- 과일류는 1인 1회 분량이 평균 에너지 함량 50 kcal에 해당하고, 말린 과일은 평균 에너지 함량 50 kcal와 식품의약품안전처 고시의 1회 제공량을 고려하여 1인 1회 분량인 15 g으로 설정하였다.
- 우유·유제품류는 1인 1회 분량이 에너지 함량 평균 125 kcal에 해당하며 이는 우유 1잔(200 mL)에 해당하는 분량이다. 치즈의 경우 1회 제공량에 해당하는 20 g으로 설정하였다.
- 유지·당류는 1인 1회 분량이 에너지 함량 평균 45 kcal에 해당하는 값을 설정하였다.

표 3-7 과일류의 주요 식품 1인 1회 분량 및 1회 분량에 해당하는 횟수

	품목	식품명	1회 분량(g)[1]	횟수[2]
과일류 (50 kcal)	과일류	수박, 참외, 딸기	150	1회
		사과, 귤, 배, 바나나, 감, 포도, 복숭아, 오렌지, 키위, 파인애플	100	1회
		건포도, 대추(말린 것)	15	1회
	주스류	과일음료	100	1회

1) 1회 섭취하는 가식부 분량임
2) 과일류 50 kcal에 해당하는 분량을 1회라고 간주하였을 때 해당 1회 분량에 해당하는 횟수

표 3-8 우유·유제품류의 주요 식품 1인 1회 분량 및 1회 분량에 해당하는 횟수

	품목	식품명	1회 분량(g)[1]	횟수[2]
우유·유제품류 (125 kcal)	우유	우유	200	1회
	유제품	치즈	20	0.3회
		요구르트(호상)	100	1회
		요구르트(액상)	150	1회
		아이스크림	100	1회

1) 1회 섭취하는 가식부 분량임
2) 우유·유제품류 125 kcal에 해당하는 분량을 1회라고 간주하였을 때 해당 1회 분량에 해당하는 횟수

표 3-9 유지·당류의 주요 식품 1인 1회 분량 및 1회 분량에 해당하는 횟수

	품목	식품명	1회 분량(g)[1]	횟수[2]
유지·당류 (45 kcal)	유지류	참기름, 콩기름, 커피프림, 들기름, 유채씨기름/채종유, 흰깨, 들깨, 버터, 포도씨유, 마요네즈	5	1회
		커피믹스	12	1회
	당류	설탕, 물엿/조청, 꿀	10	1회

1) 1회 섭취하는 가식부 분량임
2) 유지·당류 45 kcal에 해당하는 분량을 1회라고 간주하였을 때 해당 1회 분량에 해당하는 횟수

3) 권장식사패턴

권장식사패턴이란 개인이 복잡한 영양가 계산을 하지 않아도 영양소 섭취기준에 맞는 식단을 구성할 수 있도록 만든 방법이다. 각각의 1일 에너지필요량에 따라 식품군별 섭취횟수를 계산하여 제시한 것으로 개인이 하루에 필요한 열량을 안다면 식품군별 섭취횟수에 따라 식단을 구성하여 식사를 하면 하루에 필요한 영양소섭취량을 충족할 수 있다. 권장식사패턴은 다음과 같은 사항으로 개발되었다.

① 한국인 영양소 섭취기준의 체위기준과 연령을 고려하여, 국민건강영양조사 자료에 가중치를 적용하여 각 식품군별 대표영양가를 산출하였다. 산출된 영양소를 연령 및 성별에 따라 100 kcal 단위로 1,000~2,800 kcal까지 다양하게 사용할 수 있도록 하였다.

② 2015 한국인 영양소 섭취기준의 탄수화물, 단백질, 지방의 에너지 적정비율을 고려하였다.

③ 에너지 필요추정량, 단백질, 식이섬유, 칼슘, 인, 철, 티아민, 리보플라빈, 니아신, 비타민 C가 평균필요량, 권장섭취량을 만족하며, 상한섭취량을 초과하지 않도록 구성하였다.

④ 음식 조리 시 들어가는 양념류의 사용량을 하나하나 계산하는 것을 피하기 위해 양념류의 사용량을 고려하여 구성하였다. 된장, 간장, 고추장, 소금, 케첩 등의 양념을 한국영양학회 영양소 식품성분 자료를 참고하여 10 g당 간장 6.4 kcal, 고추장 21.7 kcal, 토마토 케첩은 11.9 kcal, 된장 16.1 kcal로 감안하여 식품군을 배분할 때 계획하였던 열량보다 낮게 계획하였다.

(1) 생애주기별 권장식사패턴

생애주기별 권장식사패턴 A는 영유아·청소년의 성장기 특징을 반영하여 하루 우유·유제품류 2회를 섭취하는 것과 성인기 이후 우유·유제품류를 하루 1회 섭취하는 권장식사패턴 B로 구분하여 제시하였다(표 3-10, 표 3-11).

(2) 성별·연령별 기준 에너지에 따른 권장식사패턴

생애주기별 권장식사패턴을 활용하여 영양목표에 도달하기 위한 성별·연령별 기준에너지는 2015년 개정안의 에너지 필요추정량을 참고하여 단순화하여 권장식사패턴을 설정하였다(표 3-12).

(3) 권장식사패턴을 이용한 식단 작성의 예

다음과 같은 순서에 따라 생애주기별 권장식사패턴을 이용하여 식단을 계획한다.

① 각 성별과 연령에 따른 개인의 에너지 필요추정량을 확인한다.

② 각 에너지 필요추정량의 권장식사패턴을 확인한다(표 3-13).

③ 각 에너지 필요추정량에 따른 권장식사패턴의 식품군별 1일 섭취횟수를 3끼니와 간식으로 적절히 배분한다.

④ 대표식품의 1인 1회 분량을 참고하여 식단을 계획한다.

표 3-10 권장식사패턴 A(우유·유제품 2회 권장)

A 타입						
열량(kcal)	곡류	고기·생선·달걀·콩류	채소류	과일류	우유·유제품류	유지·당류
1,000	1	1.5	4	1	2	3
1,100	1.5	1.5	4	1	2	3
1,200	1.5	2	5	1	2	3
1,300	1.5	2	6	1	2	4
1,400	2	2	6	1	2	4
1,500	2	2.5	6	1	2	5
1,600	2.5	2.5	6	1	2	5
1,700	2.5	3	6	1	2	5
1,800	3	3	6	1	2	5
1,900	3	3.5	7	1	2	5
2,000	3	3.5	7	2	2	6
2,100	3	4	8	2	2	6
2,200	3.5	4	8	2	2	6
2,300	3.5	5	8	2	2	6
2,400	3.5	5	8	3	2	6
2,500	3.5	5.5	8	3	2	7
2,600	3.5	5.5	8	4	2	8
2,700	4	5.5	8	4	2	8
2,800	4	6	8	4	2	8

출처 : 보건복지부, 2015 한국인 영양소 섭취기준

표 3-11 권장식사패턴 B(우유·유제품 1회 권장)

B 타입						
열량(kcal)	곡류	고기·생선·달걀·콩류	채소류	과일류	우유·유제품류	유지·당류
1,000	1.5	1.5	5	1	1	2
1,100	1.5	2	5	1	1	3
1,200	2	2	5	1	1	3
1,300	2	2	6	1	1	4
1,400	2.5	2	6	1	1	4

(계속)

B 타입						
열량(kcal)	곡류	고기·생선·달걀·콩류	채소류	과일류	우유·유제품류	유지·당류
1,500	2.5	2.5	6	1	1	4
1,600	3	2.5	6	1	1	4
1,700	3	3.5	6	1	1	4
1,800	3	3.5	7	2	1	4
1,900	3	4	8	2	1	4
2,000	3.5	4	8	2	1	4
2,100	3.5	4.5	8	2	1	5
2,200	3.5	5	8	2	1	6
2,300	4	5	8	2	1	6
2,400	4	5	8	3	1	6
2,500	4	5	8	4	1	7
2,600	4	6	9	4	1	7
2,700	4	6.5	9	4	1	8

출처 : 보건복지부, 2015 한국인 영양소 섭취기준

표 3-12 성별·연령별 기준에너지에 따른 권장식사패턴

연령	에너지 필요추정량(kcal)		기준에너지 패턴(kcal)	
	남자	여자	남자	여자
1~2세	1,000	1,000	1,000A	1,000A
3~5세	1,400	1,400	1,400A	1,400A
6~8세	1,700	1,500	1,900A	1,700A
9~11세	2,100	1,800		
12~14세	2,500	2,000	2,600A	2,000A
15~18세	2,700	2,000		
19~29세	2,600	2,100	2,400B	1,900B
30~49세	2,400	1,900		
50~64세	2,200	1,800		
65~74세	2,000	1,600	2,000B	1,600B
75세 이상	2,000	1,600		

출처 : 보건복지부, 2015 한국인 영양소 섭취기준

표 3-13 권장식사패턴 식품군별 1일 섭취횟수

식품군	1~2세	3~5세	6~11세		12~18세		19~64세		65세 이상	
	영아	유아	남자	여자	남자	여자	남자	여자	남자	여자
	1,000A	1,400A	1,900A	1,700A	2,600A	2,000A	2,400B	1,900B	2,000B	1,600B
곡류	1	2	3	2.5	3.5	3	4	3	3.5	3.5
고기·생선·달걀·콩류	1.5	2	3.5	3	5.5	3.5	5	4	4	4
채소류	4	6	7	6	8	7	8	8	8	8
과일류	1	1	1	1	4	2	3	2	2	2
우유·유제품	2	2	2	2	2	2	1	1	1	1
유지·당류	3	4	5	5	8	6	6	4	4	4

출처 : 보건복지부, 2015 한국인 영양소 섭취기준

식단 계획 시 고려사항

- 연령에 따라 식품의 1회 분량이 실질적인 1 serving이 아닐 수 있음
- 양념류 사용으로 인한 열량은 권장식사패턴에 이미 반영되었으므로 주·부재료로 사용되는 식품의 양만을 각 식품군 섭취 횟수에 포함시킴
- 칼슘, 철, 식이섬유는 한국인에게 부족되기 쉬운 영양소이므로 식단 계획 시 필요량을 섭취할 수 있도록 하는 것이 중요함
  - 칼슘은 권장식사패턴에 준하여 매일 우유나 유제품을 섭취할 수 있도록 해야 함 : 칼슘강화 유제품을 선택하는 것도 좋은 방법이나 우유를 소화시키지 못하는 경우에는 대체식품으로 요구르트와 같은 발효유를 섭취토록 함. 비만이나 심혈관질환의 질병력이 있는 경우 일반우유에 비해 포화지방이나 콜레스테롤 함유량이 적은 저지방우유를 권장함
  - 철은 급원식품인 살코기, 고등어, 달걀노른자, 당근, 시금치, 깻잎 등을 최대한 활용하되, 가능한 흡수율이 높은 동물성식품을 주급원으로 할 수 있음
  - 식이섬유는 쌀밥보다는 잡곡밥으로, 주스보다는 생과일 형태로 섭취하도록 하며, 채소 반찬은 매끼 2가지 이상은 반드시 섭취하도록 함
- 과도한 단순당과 동물성지방 섭취는 지양해야 함
  - 간식 선택 시 설탕이나 과당이 많이 함유된 빵이나 과자보다는 감자, 고구마, 과일 등을 선택하도록 하며, 단순당 함량이 높은 가공우유는 선택을 지양함
  - 동물성지방 섭취를 줄이기 위해 지방 함량이 적은 살코기 부위를 주로 이용하며, 눈에 보이는 지방과 기름은 제거하는 것을 권장하며, 만약 고지방 육류 섭취 시에는 권장식사패턴 중 유지·당류의 1일 횟수와 교환하여 배분해야 함
- 권장식사패턴에 맞추어 각 식품군의 섭취횟수를 준수할 경우 티아민, 리보플라빈, 니아신, 비타민 C, 칼슘, 철 등은 권장섭취량을, 식이섬유는 충분섭취량을 충족할 수 있음
- 나트륨의 경우는 권장식사패턴에 맞춰 섭취할 경우 1~2세, 3~5세를 제외한 연령층에서 목표섭취량 1일 2 g을 상회함
  - 메뉴 선택에 있어 김치, 장아찌류, 가공식품 등의 선택을 줄임
  - 조리 시 소금, 간장, 된장, 고추장 등의 사용을 최소화함
  - 국물의 섭취를 제한하는 것이 필요함
- 술, 탄산음료와 같은 에너지만 있을 뿐 영양소가 없는 식품은 권장식사패턴을 이용한 식단계획에 적용되지 않는 식품이므로 섭취를 최대한 제한함

권장식사패턴을 이용한 식단 작성의 예시

① 19~64세 남성 권장 식단(2,400 kcal, B타입)

식단 / 식품군별 권장횟수		아침	점심	저녁	간식
		쌀밥 육개장 조기구이 콩자반 실파무침	잔치국수 동태전 느타리버섯볶음 시금치나물 가지나물	잡곡밥 미역국 수육 모듬쌈&쌈장 도토리묵무침 배추김치	시리얼 우유 배 단감 사과 군고구마 녹차
곡류	4회	쌀밥 210 g (1)	국 수(생 면) 210 g (1)	잡곡밥 210 g (1) 도토리묵 70 g (0.1)	시리얼 30 g (0.3) 고구마 140 g (0.6)
고기·생선·달걀·콩류	5회	쇠고기 30 g (0.5) 조기 60 g (1) 검은콩 20 g (1)	동태, 달걀 60 g (1)	돼지고기 90 g (1.5)	
채소류	8회	숙주, 고사리, 무 70 g (1) 실파 70 g (1)	애호박 17 g (0.25) 김 0.5 g (0.25) 느타리버섯 30 g (1) 시금치 70 g (1) 가지 70 g (1)	미역 15 g (0.5) 상추, 고추, 깻잎 70 g (1) 배추김치 40 g (1)	
과일류	3회				배 100 g (1) 단감 100 g (1) 사과 100 g (1)
우유·유제품류	1회				우유 200 mL (1)

*유지·당류 6회는 조리 시 소량씩 사용함

2400B 권장식사 계획표

곡류 4회	고기·생선·달걀·콩류 5회	채소류 8회	과일류 3회	우유·유제품류 1회
1인 1회 분량 ▪ 쌀밥 (210g) ▪ 현미 (90g) ▪ 팥 (90g) ▪ 국수 (건90g) ▪ 떡 (150g) ▪ 빵 (80g)	**1인 1회 분량** ▪ 쇠고기 (60g) ▪ 닭고기 (60g) ▪ 생선 (60g) ▪ 달걀 (60g) ▪ 두부 (80g) ▪ 콩 (20g)	**1인 1회 분량(1접시)** ▪ 고추 (70g) ▪ 오이 (70g) ▪ 콩나물 (70g) ▪ 배추김치 (40g) ▪ 느타리버섯 (30g) ▪ 미역 (30g)	**1인 1회 분량** ▪ 참외 (150g) ▪ 수박 (150g) ▪ 사과 (100g) ▪ 귤 (100g) ▪ 포도 (100g) ▪ 과일음료 (100mL)	**1인 1회 분량** ▪ 우유 (200mL) ▪ 액상요구르트 (150g) ▪ 호상요구르트 (100g) ▪ 아이스크림 (100g) ▪ 치즈 (20g*0.3회)
Tip. 식이섬유 섭취를 늘리기 위해 전곡류 또는 잡곡 섭취 권장	**Tip.** 살코기 위주로 섭취 지방 함량이 높은 부위는 제거 후 섭취 권장	**Tip.** 매끼 1회분 이상 섭취 제철 채소 이용한 음식 섭취 권장	**Tip.** 매일 1회분 이상 섭취 주스보단 생과일 섭취 권장	**Tip.** 매일 1회분 이상 섭취 단순당질 및 지방이 적게 함유된 제품 권장

권장섭취 횟수에 맞춰 섭취하세요.

섭 취 주 의

- ➤ **과잉의 지방** 섭취 주의
- ➤ **짠 음식**의 섭취는 줄이고 싱겁고 단백한 음식 섭취 권장
- ➤ **첨가당**(설탕, 물엿 등) **되도록 적게** 섭취

식 사 원 칙

- ➤ **제때에!** 신체리듬에 맞춰 제때에 규칙적인 식사 권장
- ➤ **골고루!** 영양적으로 균형 잡힌 식사를 위해 다양한 식품 골고루 섭취
- ➤ **알맞게!** 신체에 필요한 양만큼 알맞게 섭취

__________ 님의 식사지침

출처 : 보건복지부, 2015 한국인 영양소 섭취기준

② 19~64세 여성 권장 식단(1,900 kcal, B타입)

식품군별 권장횟수 \ 식단		아침	점심	저녁	간식
		달걀국 땅콩멸치볶음 애호박나물 깍두기	보리밥 팽이버섯된장국 소불고기 콩나물무침 오이소박이	떡국 갈치카레구이 꽈리고추볶음 배추겉절이 양배추샐러드	우유 토마토 귤 포도
곡류	3회	쌀밥 210 g (1)	보리밥 210 g (1)	가래떡 150 g (1)	
고기·생선·달걀·콩류	4회	달걀 30 g (0.5) 건멸치(소) 15 g (1) 땅콩 6 g (0.2)	쇠고기 60 g (1)	쇠고기 18 g (0.3) 갈치 60 g (1)	
채소류	8회	애호박 70 g (1) 깍두기 40 g (1)	팽이버섯 15 g (0.5) 양파 35 g (0.5) 콩나물 70 g (1) 오이 70 g (1)	꽈리고추 35 g (0.5) 배추 35 g (0.5) 양배추 70 g (1)	토마토 70 g (1)
과일류	2회				귤 100 g (1) 포도 100 g (1)
우유·유제품류	1회				우유 200 mL (1)

*유지·당류 4회는 조리 시 소량씩 사용함

출처 : 보건복지부, 2015 한국인 영양소 섭취기준

식사구성안을 활용한 식단 표기 예시

오늘의 식단

식사 구분	음식명	곡류	고기·생선·달걀·콩류	채소류	과일류	우유·유제품류
	한 끼 권장 섭취 횟수	1	2	2	1	1
점심	쌀밥 오이냉국 돼지두루치기 숙주맛살무침 과일샐러드 배추김치	쌀밥 1공기	돼지고기 1접시 게맛살 1접시	오이 양파 미역 숙주	사과/반쪽	우유 한컵
제공되는 식품횟수		1	2	2	1	1
식품군별 열량(kcal)		300	200	30	50	125
총 열량(kcal)		약 800 kcal(양념으로 사용한 유지·당류 2회 포함)				

식사제공 기준

- 19-64세 남자 1일 권장식사량 : 2400 kcal
- 한 끼 권장식사량 : 2400 kcal / 3 = 800 kcal
- 본 식사는 800 kcal 기준으로 제공되며, 제공되는 식사는 남김없이 드시길 바랍니다.

섭 취 주 의

- **과잉의 지방** 섭취 주의
- **짠 음식**의 섭취는 줄이고 싱겁고 단백한 음식 섭취 권장
- **첨가당**(설탕, 물엿 등) **되도록 적게** 섭취

출처 : 보건복지부, 2015 한국인 영양소 섭취기준

식품교환표를 이용한 식단 작성

1) 식품교환표

6가지 식품군의 각 1교환단위당 영양가는 표 3-14와 같다. 각 식품군 내의 모든 1교환단위량은 중량(무게)과 목측량이 달라도 비슷한 양의 열량, 당질, 단백질, 지방을 함유하므로 서로 대치될 수 있으며 다양하게 식품을 선택할 수 있다.

표 3-14 식품교환표의 영양가

식품군		교환단위	당질(g)	단백질(g)	지방(g)	열량(kcal)	1교환단위량(예시)
1. 곡류군		1	23	2	-	100	밥 ⅓공기 70g
2. 어육류군	저지방군	1	-	8	2	50	살코기 탁구공 크기 40 g
	중지방군	1	-	8	5	75	생선 작은 토막 50 g
	고지방군	1	-	8	8	100	치즈 1.5장 30g
3. 채소군		1	3	2	-	20	익힌 채소 ⅓컵 70 g
4. 지방군		1	-	-	5	45	식용유 1작은술 5 g
5. 우유군	일반우유	1	10	6	7	125	1팩 200 mL
	저지방우유	1	10	6	2	80	1컵 200 mL
6. 과일군		1	12	-	-	50	사과(후지) 중 ⅓개 80 g

(1) 곡류군

쌀, 보리와 같은 곡류, 빵, 국수, 떡, 감자, 고구마, 옥수수, 묵 등 주로 당질이 많은 식품들이다.

표 3-15 곡류군(1교환단위당 당질 23 g, 단백질 2 g, 열량 100 kcal)

식품명		무게(g)	목측량
밥류	쌀밥, 보리밥, 현미밥	70	⅓공기(소)
죽류	쌀죽	140	⅔공기(소)
알곡류 및 가루제품	기장, 백미(⅕쌀컵), 보리(쌀보리), 율무, 차수수, 차조, 찹쌀, 팥(붉은 것), 현미, 녹말가루(5큰술), 미숫가루(⅓컵 소), 밀가루(5큰술)	30	3큰술
	녹두, 완두콩	70	완두콩(½컵 소)

(계속)

식품명		무게(g)	목측량
국수류	건조한 국수류 : 냉면, 당면, 국수, 메밀국수, 스파게티, 쌀국수, 쫄면, 칼국수류	30	삶은 것 ½공기(소)
	메밀국수(생)	40	
	우동(생)	70	
	삶은 국수류 : 국수, 스파게티, 쌀국수	90	
감자 및 전분류	고구마, 찰옥수수(생)	70	고구마(중 ½개), 찰옥수수(생 ½개)
	감자, 돼지감자, 토란	140	감자(중 1개), 토란(1컵)
떡류	가래떡, 백설기, 송편(깨), 인절미, 절편, 증편, 시루떡	50	가래떡(썰은 것 11~12개), 인절미 3개, 절편(1개, 5.5×5×1.5 cm), 시루떡(3쪽, 1쪽 : 3×2.5×1.5 cm)
빵류	식빵	30	1쪽(11×10×1.5 cm)
	모닝빵, 머핀		중 1개(머핀, 중 ½개)
	바게트빵		중 2쪽
묵류	도토리묵, 녹두묵, 메밀묵	200	1/2모(6×7×4.5 cm)
기타	크래커	20	5개
	강냉이(옥수수), 누룽지(마른 것), 콘플레이크, 오트밀	30	강냉이(1.5공기 소), 누룽지(지름 11.5 cm), 콘플레이크(¾컵 소), 오트밀(⅓컵)
	밤, 은행	60	
	마	100	

(2) 어육류군

어류, 육류, 알류, 콩류 및 그 가공품 등으로 단백질이 주로 들어 있는 식품군이다. 동일한 육류라도 부위에 따라 지방 함량이 달라 열량 차이가 크므로 저지방, 중지방, 고지방 어육류군으로 나눈다. 1교환단위량은 대개 육류는 40 g, 어류는 50 g 정도가 된다.

① 저지방 어육류군

표 3-16 저지방 어육류군(1교환단위당 단백질 8 g, 지방 2 g, 열량 50 kcal)

식품명		무게(g)	목측량
고기류	육포	15	1장(9×6 cm)
	닭고기 (껍질, 기름제거 살코기), 닭부산물(모래주머니), 쇠고기(사태, 홍두깨 등), 소간●, 돼지고기(기름기 전혀 없는 살코기), 오리고기, 칠면조	40	닭고기(소 1토막, 탁구공 크기), 살코기(로스용 1장, 12×10×0.3 cm)

(계속)

식품명		무게(g)	목측량
생선류	가자미, 광어, 대구, 동태, 미꾸라지(생것), 병어, 복어, 아귀, 연어, 옥돔(반건), 적어, 조기, 참도미, 참치, 코다리, 한치, 홍어	50	소 1토막
건어물 및 가공품	굴비	15	½토막
	건오징어채◑, 멸치, 뱅어포, 북어, 쥐치포	15	잔멸치(¼컵 소), 뱅어포(1장, 9×6 cm), 북어(½토막) 쥐치포(½개, 1.2×7 cm)
	게맛살, 어묵(찐 것)	50	어묵(찐 것, ⅓개, 5.5 cm)
젓갈류	명란젓◑, 어리굴젓, 창란젓◑	40	
기타해산물	날치알, 대하(생것), 물오징어◑, 깐 새우◑, 새우(중하)◑	50	물오징어(몸통 ⅓등분), 깐 새우(¼컵), 새우(중하, 3마리)
	개불, 굴, 꼬막조개, 꽃게, 전복◑	70	꽃게(소 1마리), 전복(소 2개)
	굴, 멍게, 문어◑, 조갯살, 홍합		⅓컵 소
	낙지, 미더덕	100	낙지(½컵 소), 미더덕(¾컵 소)
	해삼	200	1 ⅓컵 소

◑ 콜레스테롤이 많은 식품

② 중지방 어육류군

표 3-17 중지방 어육류군(1교환단위당 단백질 8 g, 지방 5 g, 열량 75 kcal)

식품명		무게(g)	목측량
고기류	돼지고기(안심), 샐러드햄, 소곱창◑, 쇠고기(등심, 안심, 양지), 햄(로스)	40	로스용1장(12×10×0.3 cm), 햄(로스, 2장, 8×6×0.8 cm)
생선류	갈치, 고등어, 과메기(꽁치), 꽁치, 도루묵, 메로, 민어, 삼치, 임연수어, 장어◑, 전갱이, 준치, 청어, 훈제연어	50	소 1토막
가공류	어묵(튀긴 것)	20	1장(15×10 cm)
알류	달걀◑	55	중 1개
	계란◑	40	5개
콩류 및 가공품	검은콩, 대두(노란콩)	20	2큰술
	낫토	40	작은 포장 1개 단위
	두부	80	⅙모(420 g 포장두부)
	연두부, 콩비지	150	연두부(½개), 콩비지(½봉, ⅔공기 소)
	순두부	200	½봉지(지름 5×10 cm)

◑ 콜레스테롤이 많은 식품

③ 고지방 어육류군

표 3-18 고지방 어육류군(1교환단위당 단백질 8 g, 지방 8 g, 열량 100 kcal)

식품명		무게(g)	목측량
고기류 및 가공품	개고기, 닭고기(껍질포함)★, 돼지갈비, 돼지머리(편육)★, 돼지족, 런천미트★, 베이컨, 비엔나소시지★, 삼겹살★, 소갈비★, 소꼬리★, 프랑크소시지★	40	닭다리 1개, 런천미트(5.5×4×1.8 cm), 베이컨(1¼장), 비엔나소시지(5개), 소갈비(소 1토막), 프랑크소시지(1⅓개)
생선류 및 가공품	유부, 치즈	30	유부(5장, 초밥용), 치즈(1.5장)
	통조림(고등어, 꽁치, 참치), 뱀장어◑	50	통조림 ⅓컵 소, 뱀장어(소 1토막)

★포화지방산이 많은 식품
◑콜레스테롤이 많은 식품

(3) 채소군

채소, 버섯, 김치, 해조류 등 주로 비타민, 무기질과 식이섬유를 함유하고, 열량이 적은 식품들이다. 1교환단위량은 생채소 70 g 정도로 익히면(데치면) 약 ⅓컵에 해당한다.

표 3-19 채소군(1교환단위당 당질 3 g, 단백질 2 g, 열량 20 kcal)

식품명		무게(g)	목측량
채소류	늙은호박(호박고지), 마늘, 무말랭이, 취나물(건조)	7	무말랭이(불려서 ⅓컵)
	깻잎, 단호박◆, 대파, 더덕, 도라지◆, 마늘쫑, 쑥◆, 연근◆, 우엉◆	40	깻잎 20장, 단호박(1/10개, 지름 10 cm), 마늘종 3개(6.5~7 cm)
채소류	곰취, 가지, 고구마줄기, 고비, 고사리(삶은 것), 고춧잎◆, 근대, 냉이, 늙은호박(생것), 단무지, 달래, 당근◆, 돌나물, 두릅, (돌)미나리, 머위, 무, 무청(삶은 것), 배추, 부추, (붉은)양배추, 브로콜리, (양)상추, 셀러리, 숙주, 시금치, 쑥갓, 아욱, 애호박, 양파, 열무, 오이, 원추리, 자운영(싹), 죽순(생것, 통조림), 참나물, 청경채, 치커리, 케일, 콜리플라워(꽃양배추), 콩나물, 파프리카(녹색, 적색, 주황색), 풋고추, 풋마늘◆, 피망	70	대부분(익혀서 ⅓컵), 가지(지름 3 cm, 길이 10 cm), 늙은호박(생 4×4×6 cm), 당근(4×5 cm 또는 대 ⅓개), 무(지름 5 cm, 길이 1.5 cm), 배추(중 3잎), 양배추(⅕개, 9×4×6 cm), 상추(소 12장), 셀러리(길이 6 cm 6개), 아욱(잎넓이 20 cm 5장), 애호박(지름 6.5 cm×두께 2.5 cm), 오이(중 ⅓개), 케일(잎넓이 30 cm 1½개), 콩나물(익혀서 ⅖컵), 파프리카(대 1개), 풋고추(중 7~8개), 피망(중 2개)
해조류	김	2	1장
	곤약, 매생이◆, 미역(생), 우뭇가사리(우무), 톳(생), 파래(생)	70	
버섯류	표고버섯(건조)	7	
	느타리(생), 만가닥(건), 송이(생), 양송이(생), 팽이(생), 표고(생)	50	느타리(생, 7개 8 cm), 송이(생, 소 2개), 양송이(생 3개, 지름 4.5 cm), 표고(생, 대 3개)
김치류	갓김치, 깍두기, 배추김치, 총각김치	50	깍두기 10개(1.5 cm 크기), 배추김치(6~7개, 4.5 cm), 총각김치(2개)
	나박김치, 동치미	70	
채소주스	당근주스	50	¼컵(소)

◆당질을 6 g 이상 함유하고 있으므로 섭취 시 주의하여야 할 채소

(4) 지방군

식물성기름, 고체기름(버터, 마가린), 견과류, 샐러드 드레싱 등 주로 지방이 함유된 식품들로 대개 식물성기름 1작은술에 해당한다. 적은 양으로도 높은 열량을 내므로 적정체중을 유지하기 위해서 튀김보다 조림, 볶음, 나물, 무침 등에 소량씩만 사용한다.

표 3-20 **지방군(1교환단위당 지방 5 g, 열량 45 kcal)**

식품명		무게(g)	목측량
견과류	검은깨(건조), 참깨(건조), 땅콩•, 아몬드•, 잣, 캐슈넛(조미)•, 피스타치오•, 해바라기씨, 호두, 호박씨(건조), 호박씨(조미한 것), 흰깨(건조), 흰깨(볶은 것)	8	깨(1큰술), 땅콩(8개, 1큰술), 아몬드(7개), 잣(50알, 1큰술), 피스타치오(10개), 해바라기씨(1큰술), 호두(중 1.5개)
고체기름	마가린, 버터*, 쇼트닝*	5	1작은술
	땅콩버터	8	
드레싱	라이트마요네즈, 마요네즈	5	1작은술
	사우전드 드레싱, 이탈리안 드레싱, 프렌치 드레싱	10	2작은술
식용유	들기름, 미강유, 옥수수기름, 올리브유•, 홍화씨기름•, 참기름, 카놀라유•, 콩기름, 포도씨유, 해바라기유	5	1작은술

•단일불포화지방산이 많은 식품
*포화지방산이 많은 식품

(5) 우유군

일반우유 1컵에는 단백질과 무기질, 특히 칼슘이 함유되어 있다. 지방 함량에 따라 열량의 차이가 있다. 일반우유군(1교환단위당 당질 10 g, 단백질 6 g, 지방 7 g, 열량 125 kcal), 저지방우유군(1교환단위당 당질 10 g, 단백질 6 g, 지방 2 g, 열량 80 kcal)

표 3-21 **우유군**

식품명		무게(g)	목측량
일반우유군	전지분유, 조제분유	25	5큰술
	두유(무가당), 락토우유, 일반우유	200	1컵(1팩)
저지방우유군	저지방우유(2%)	200	1컵(1팩)

(6) 과일군

생과일, 건과일, 주스 등은 주로 단순 당질을 함유하고, 다른 식품군에 비하여 1교환단위 양이 종류에 따라서 차이가 있다. 식후 혈당을 급격히 상승시키므로 한 번에 1교환단위량만 섭취하도록 권장한다.

표 3-22 과일군(1교환단위당 당질 12 g, 열량 50 kcal)

식품명		무게(g)	목측량
감	곶감	15	소 ½개
	단감	50	중 ⅓개
	연시, 홍시	80	소 1개, 대 ½개
감귤류	금귤	60	7개
	귤(통조림)	70	
	오렌지, 유자, 한라봉	100	오렌지(대 ½개)
	귤	120	중 1개
	자몽	150	중 ½개
대추	대추(건)	15	5개
	대추(생)	50	7개
무화과	무화과(건)	15	
	무화과(생)	80	
바나나	바나나(건)	10	
	바나나(생)	50	중 ½개
복숭아	통조림(백도, 황도)	60	반절 1쪽
	백도, 청도, 황도	150	백도(소 1개), 천도(소 2개), 황도(중 ½개)
블루베리	블루베리(통조림)	50	
	블루베리	80	
올리브	올리브(건)	15	
	올리브	60	
토마토	방울토마토	300	
	토마토	350	소 2개
파인애플	파인애플(통조림)	70	
	파인애플	200	
포도	포도(건)	15	
	청포도, 포도, 거봉	80	포도(소 19알), 거봉(11개)
주스류	배주스, 포도주스	80	
	사과주스, 오렌지주스(무가당), 토마토주스, 파인애플주스	100	½컵(소)

(계속)

식품명		무게(g)	목측량
기타	두리안	40	
	프루츠칵테일(통조림)	60	
	망고, 리치	70	
	사과(후지), 석류, 체리, 키위	80	사과(후지, 중 ⅓개)
	배	110	대 ¼개
	멜론(머스크)	120	중 ¼개
	(산)딸기, 매실, 살구, 수박, 앵두, 자두, 참외	150	(산)딸기(중 7개), 수박(중 1쪽), 자두(특대 1개), 참외(중 ½개), 키위(중 1개)
	파파야	200	

2) 식품교환표를 이용한 식단 작성방법

식품교환단위를 이용하여 식단을 작성하기 위해서는 각 식품군 내에서 식품의 종류별 1교환단위량, 1교환단위의 영양량을 구분하여 기억하는 것이 중요하다.

(1) 급식대상자의 영양기준량을 결정한다.

총열량, 당질, 단백질, 지방의 필요량을 산정한다. 급식대상자의 1일 필요량은 연령, 성별, 활동량 등에 맞추어 결정된다. 열량의 구성비는 일반적으로 당질 55~65%, 단백질 7~20%, 지방 15~30%의 비율에 따라 결정한다.

1일 필요에너지 1,800 kcal일 때

당질(60%) : 1,800 × 0.6 ÷ 4 = 270 g

단백질(17%) : 1,800 × 0.17 ÷ 4 = 77 g

지방(23%) : 1,800 × 0.23 ÷ 9 = 45 g

(2) 각 식품군별 1일 교환단위 수를 결정한다.

① 우유군, 채소군, 과일군의 순서로 단위 수를 결정한다.

예) 우유군 : 하루에 우유 1컵은 1교환단위

채소군 : 김치를 포함하여 6~8교환단위 정도

과일군 : 보통 2교환단위 정도

② 잠정적으로 정한 우유군 1교환, 채소군 8교환, 과일군 2교환 단위의 당질, 단백질, 지방량을 계산한다.

③ 곡류의 교환단위 수를 결정한다. 우유군, 채소군, 과일군의 잠정 결정된 교환단위의 당질 함량을 합한 다음, 이 양을 하루 당질 필요량에서 뺀다. 차감한 당질량은 곡류 1교환단위의 당질함량인 23g으로 나누어 하루 총 곡류의 필요 교환단위 수를 결정한다.

> 우유, 채소, 과일의 당질 함량 : 10 g(우유 1교환) + 24 g(채소 8교환) + 24 g(과일 2교환) = 58 g
> 곡류군에서 제공되어야 할 당질 함량 : 270 - 58 = 212 g
> 곡류군의 교환단위 수 : 212 ÷ 23 = 9교환단위

④ 육류군의 교환단위 수를 결정한다. 우유군, 채소군, 곡류군의 단백질 함량을 합하여 처방된 단백질 함량에서 뺀 뒤 육류 1교환단위의 단백질 함량인 8g으로 나누어 육류의 교환단위 수를 결정한다. 저지방 어육류군과 중지방 어육류군으로 구분하여 결정하고, 일반적으로 고지방 어육류군은 사용을 제한하는 것이 좋다.

> 우유, 채소, 곡류의 단백질 함량 : 6 g(우유 1교환) 16 g(채소 8교환) + 18 g(곡류 9교환) = 40 g
> 어육류군에서 제공될 단백질 함량 : 77 - 40 = 37 g
> 어육류군의 교환단위 수 : 37 ÷ 8 = 5 교환단위(저지방 2, 중지방 3 교환단위)

⑤ 지방의 교환단위 수를 결정한다. 우유군과 육류군의 지방 함량을 합하여 처방된 지방 함량에서 뺀 뒤 지방 1교환단위의 지방량인 5 g으로 나누어 교환단위 수를 결정한다.

> 우유, 육류의 지방 함량 : 7 g(우유 1교환) + 4 g(저지방 2교환) + 15 g(중지방 3교환) = 26 g
> 지방군에서 제공될 지방 함량 : 45 - 26 = 19 g
> 지방군의 교환단위 수 : 19 ÷ 5 = 4교환단위

이상에서 결정한 각 식품군에서 얻을 수 있는 열량과 당질, 단백질, 지방의 양을 계산하여 영양기준량을 만족하도록 식품군의 결정이 이루어졌는지 검토해 본다. 표 3-23에서 중등 활동의 여자 성인을 대상으로 교환단위를 결정한 예시를 볼 수 있다.

※ 일반적으로 쉽게 사용할 수 있도록 연령별, 성별로 하루에 필요한 식품군별 교환단위수를 결정하여 제시한 것이 있어서(표 3-2) 이것을 기준으로 약간의 변화를 주어 사용하면 편리하다.

(3) 1일 교환단위 수를 끼니별로 배분한다.

보통 하루 3끼와 필요하다면 간식으로 배분한다.

(4) 식품교환표의 식품군 목록에서 식품을 선택한다.

(5) 식품의 종류와 허용되는 기름의 양에 맞게 조리법을 결정하여 식단을 완성한다.

다음은 식품군별 교환단위 수를 결정하는 순서의 예이다.

표 3-23 식품군별 교환단위 수 결정하는 순서의 예

		당질(g)	단백질(g)	지방(g)	열량(kcal)
1. 열량필요량 산정 : 1,800 kcal 열량을 당질 60%, 단백질 17%, 지방 20%		1800 × 0.6 ÷ 4 = 270	1800 × 0.17 ÷ 4 = 77	1800 × 0.23 ÷ 9 = 45	1800
2. 우유군, 채소군, 과일군의 교환단위 설정					
식품군	교환단위수	결정된 교환단위 수× 교환단위당 당질 양	결정된 교환단위 수× 교환단위당 단백질 양	결정된 교환단위 수× 교환단위당 지방 양	결정된 교환단위 수× 교환단위당 열량
우유군(일반우유)	1	1 × 10 = 10	1 × 6 = 6	1 × 7 = 7	1 × 125 = 125
채소군	8	8 × 3 = 24	8 × 2 = 16	–	8 × 20 = 160
과일군	2	2 × 12 = 24	–	–	2 × 50 = 100
		10 + 24 + 24 = 58			
3. 곡류군 교환단위 설정 : (212 - 58) ÷ 23 ≒ 9 (곡류군)					
곡류군	9	9 × 23 = 207	9 × 2 = 18	–	9 × 100 = 900
			6 + 16 + 18 = 40		
4. 어육류군 교환단위 설정 : (77 - 40) ÷ 8 ≒ 5 (저지방2, 중지방3)					
어육류군 저지방	2	–	2 × 8 = 16	2 × 2 = 4	2 × 50 = 100
어육류군 중지방	3	–	3 × 8 = 24	3 × 5 = 15	3 × 75 = 225
어육류군 고지방	0	–	0 × 8 = 0	0 × 8 = 0	0 × 100 = 0
				7 + 4 + 15 = 26	
5. 지방군 교환단위 결정 : (45 - 26) ÷ 5 ≒ 4 (지방군)					
지방군	4	–	–	4 × 5 = 20	4 × 45 = 180
1일 총영양량 계산	58 + 207	40 + 16 + 24	26 + 20	125 + 160 + 100 + 900 + 100 + 225 + 180	
합계		265	80	46	1,790

표 3-24 연령별·성별 하루 필요한 식품군별 교환단위 수[1]

연령/성별		열량 (kcal)	곡류군	어육류군		채소군		지방군	우유군	과일군	단순당	된장 고추장
				저지방	중지방	녹황색군	담색군					
1~3 남녀		1200	6	1.5	1.5	0.5	1.5	1	2	1	5	-
4~6 남녀		1600	8	1.5	1.5	1	1.5	2	2	1	20	미량
7~9 남녀		1800	10	2.5	1.5	1	2	3.5	1.5	1.5	20	10
10~12	남	2200	11.5	2.5	1.5	1.5	3	6	2	1.5	10	10
	여	2000	10.5	2.5	1.5	1.5	3	5	2	1.5	15	10
13~15	남	2500	13	3	2.5	1.5	3	7	3	3	15	15
	여	2100	12	3	1.5	1.5	3	4	1.5	2	10	10
16~19	남	2700	13	3	2.5	1.5	3	5	2	3	30	20
	여	2100	12	3	2	1.5	3	4	2	2	20	20
20~29	남	2500	13	4	2.5	2	4	5	1	2	50	30
	여	2000	11	2.5	2	1.5	3	5	1	2	20	20
30~49	남	2500	13	4	2.5	2	4	5	1	2	50	30
	여	2000	11	2.5	2	1.5	3	5	1	2	20	20
50~64	남	2300	12	2.5	2.5	1.5	3	6	1	2	30	20
	여	1900	10	2.5	2	1.5	3	4	1	2	25	20
65~75	남	2000	10	2.5	2	1.5	3	4	1	2	25	20
	여	1700	9	2	1.5	1	2	3	1	1.5	15	20
75 이상	남	1800	8	2.5	2	1	3	4	1	2	20	20
	여	1600	8	2	1.5	1	2	3	1	1.5	15	20
임신전반기		+150	12	3	2	1.5	3	5	1.5	2	15	20
임신후반기		+350	13	3	2	1.5	3	5	2	2	15	20
수유기		+500	14	3.5	2.5	2	3	6	1.5	2	20	10

1. 교환단위수는 평균 체격에 중등활동을 하는 한국인 영양섭취기준으로 마련되었다.
2. 3대 영양소 비율은 당질 : 단백질 : 지질=65 : 15 : 20으로 맞추었다.
3. 채소군에는 매끼니 2가지 이상으로 김치를 포함할 수 있다.
4. 단순당(설탕, 물엿 등)과 된장, 고추장군은 식품교환표에 없지만 위의 양만큼 사용가능하다.
5. 어육류군의 고지방군은 동물성기름이 많아서 건강에 별로 이롭지 못하기 때문에 제외시켰으나 가끔 섭취할 때엔 다음과 같이 교환한다. 어육류군 고지방군 1단위=어육류군 저지방군 1단위+지방군 1단위

표 3-25 제2형 당뇨병(성인)의 열량별 식품군 교환단위 수 배분의 예(일반우유 기준)

식품군 / 열량(kcal)	곡류군	어육류군		채소군	지방군	우유군	과일군
		저지방	중지방				
1200	5	1	3	6	3	1	1
1300	6	1	3	6	3	1	1
1400	7	1	3	6	3	1	1
1500	7	2	3	7	4	1	1
1600	8	2	3	7	4	1	1
1700	8	2	3	7	4	1	2
1800	8	2	3	7	4	2	2
1900	9	2	3	7	4	2	2
2000	10	2	3	7	4	2	2
2100	10	2	4	7	4	2	2
2200	11	2	4	7	4	2	2
2300	11	3	4	8	5	2	2
2400	12	3	4	8	5	2	2
2500	13	3	4	8	5	2	2
2600	13	3	5	8	5	2	2
2700	13	3	5	9	6	2	3
2800	14	3	5	9	6	2	3

※ 이상지질혈증이 있거나 동맥경화증을 동반하고 있는 경우 포화지방산을 엄격하게 제한하기 위해 일반우유보다는 저지방우유를 권장한다.

※ 우유군 1교환단위를 저지방우유 1교환단위로 대체할 경우 견과류 1교환단위를 추가할 수 있다.

※ 1,800 kcal 이상의 경우 우유군을 1교환단위만 섭취하기 원한다면 우유군 1교환단위를 중지방 1교환 + 과일군 1교환으로 대체할 수 있다.

※ 1,400 kcal 이하의 경우 다양한 식품을 이용하더라도 한국인 영양소 섭취기준에 못 미칠 수 있으므로 종합영양제의 보충이 필요할 수 있다.

※ 단순 당질(설탕, 물엿 등)의 사용을 가급적 제한하고, 소금의 양을 줄이기 위해 싱겁게 간을 하고, 김치는 적게 섭취한다.

2. 실습

실습 주제 1 : 식사구성안을 활용하여 생애주기별 식단 작성을 한다.

[실습 1] 1~2세 권장식단
[실습 2] 3~5세 권장식단
[실습 3] 6~11세 남아/여아 권장식단
[실습 4] 12~18세 남성/여성 권장식단
[실습 5] 19~64세 남성/여성 권장식단
[실습 6] 65세 이상 남성/여성 권장식단

대상자 조건 : 나이 (　　　)세, 성별 (　　　), 권장식사패턴(　　　) 타입, (　　　　　　　　)kcal

식단 / 식품군별 권장횟수		아침	점심	저녁	간식

*유지·당류 (　　　)회는 조리 시 소량씩 사용함

대상자 조건 : 나이 (   )세, 성별 (   ), 권장식사패턴(   ) 타입, (   ) kcal

		아침	점심	저녁	간식
식단 / 식품군별 권장횟수					

*유지·당류 (   )회는 조리 시 소량씩 사용함

대상자 조건 : 나이 (   )세, 성별 (   ), 권장식사패턴(   ) 타입, (   ) kcal

		아침	점심	저녁	간식
식단 / 식품군별 권장횟수					

*유지·당류 (   )회는 조리 시 소량씩 사용함

대상자 조건 : 나이 (   )세, 성별 (   ), 권장식사패턴(   ) 타입, (   ) kcal

		아침	점심	저녁	간식
식단 / 식품군별 권장횟수					

*유지·당류 (   )회는 조리 시 소량씩 사용함

대상자 조건 : 나이 (   )세, 성별 (   ), 권장식사패턴(   ) 타입, (   ) kcal

		아침	점심	저녁	간식
식단 / 식품군별 권장횟수					

*유지·당류 (   )회는 조리 시 소량씩 사용함

대상자 조건 : 나이 (   )세, 성별 (   ), 권장식사패턴(   ) 타입, (   ) kcal

		아침	점심	저녁	간식
식단 / 식품군별 권장횟수					

*유지·당류 (   )회는 조리 시 소량씩 사용함

실습 주제 2 : 식품교환표를 활용하여 식단 작성을 한다.

〔실습 1〕 다음 주어진 조건에 따른 각 식품군별 1일 교환단위 수를 설정하시오.

	당질(g)	단백질(g)	지방(g)	열량(kcal)
1. 열량필요량 산정 : 2,100 kcal 열량을 당질 60%, 단백질 17%, 지방 20%로 계산				

2. 우유군, 채소군, 과일군의 교환단위 설정

식품군	교환단위 수	결정된 교환단위 수 × 교환단위당 당질 양	결정된 교환단위 수 × 교환단위당 단백질 양	결정된 교환단위 수 × 교환단위당 지방 양	결정된 교환단위 수 × 교환단위당 열량
우유군(일반우유)					
채소군					
과일군					

3. 곡류군 교환단위 설정 :

곡류군					

4. 어육류군 교환단위 설정 :

어육류군 / 저지방					
중지방					
고지방					

5. 지방군 교환단위 결정 :

지방군					
1일 총영양량 계산					
합계					

〔**실습 2**〕 다음 1일 식품교환단위 수를 세 끼니 및 간식으로 배분하고, 식품교환표 식품군별 식품을 선택하여 식단을 작성하시오.

식품군		교환단위 수	아침	점심	저녁	간식
곡류군		9				
어육류군	저지방군	2				
	중지방군	3				
	고지방군	0				
채소군		8				
지방군		4				
우유군	일반우유	1				
	저지방우유	0				
과일군		2				
식단 작성	밥 국, 찌개 주찬 부찬 김치 (일품요리 + 반찬 포함)					

※ 우유군 1교환단위(일반우유)를 저지방우유 1교환단위로로 대체할 경우 견과류 1교환단위를 추가할 수 있다.

※ 고지방 어육류군을 가끔 섭취할 때에는 고지방군 1교환단위=저지방군 1교환단위+지방군 1교환단위로 대체할 수 있다.

〔**실습 3**〕 식품군 1교환단위의 영양량(식품교환표)을 작성하시오.

식품군		열량(kcal)	당질(g)	단백질(g)	지방(g)
곡류군					
어육류군	저지방				
	중지방				
	고지방				
채소군					
지방군					
우유군	일반우유				

실습 주제 3 : 식단 작성순서에 따라 식사구성안 또는 식품교환표를 활용하여 식단 작성을 한다.

〔**실습 1**〕 식단 작성방법을 순서대로 나열한다.

다음 빈칸에 식단 작성순서를 적으시오.

〔**실습 2**〕 식단 작성순서에 따라 다음 빈칸에 알맞은 내용을 적으시오.

1. 대상에 따른 에너지 필요추정량 결정하기

1) 대상 :

2) 에너지 필요추정량 :

2. 1일 영양소 구성

열량	당질	단백질	지방
kcal	(%)	(%)	(%)
	(g)	(g)	(g)

3. 1일 식품구성과 3식의 배분

1) 식사구성안을 이용한 권장식사패턴의 식사 섭취횟수와 3식의 배분

식품군		곡류	고기·생선·달걀·콩류	채소류	과일류	우유·유제품	유지·당류
1회 분량 수							
3식의 배분	아침						
	점심						
	저녁						

2) 식품교환표에 의한 1일 식품 교환횟수와 3식의 배분(당뇨병 식품교환표 활용지침 제3판 기준-대한당뇨병학회)

식품군		곡류군	어육류군			채소군	지방군	우유군		과일군
			저지방	중지방	고지방			일반우유	저지방우유	
식품교환 수										
3식의 배분	아침									
	점심									
	저녁									

4. 식사구성안을 이용한 식단 작성의 예

끼니명	음식명	식재료명	식품군별 섭취횟수						1인 기준				(　　)인 기준	
			곡류	고기·생선·달걀·콩류	채소류	과일류	우유·유제품류	유지·당류	순사용량 (g)	폐기율 (%)	발주량 (g)	단가 (원)	발주량 (g)	식재료비 (원)
	교환단위 합계													
	권장섭취횟수													
	1일 권장섭취횟수													

5. 식품교환표를 이용한 식단 작성의 예

끼니명	음식명	식재료명	식품군별 섭취횟수										1인 기준				( )인 기준	
			곡류군	육류군			채소류	과일류	우유군		유지·당류	순사용량 (g)	폐기율 (%)	발주량 (g)	단가 (원)	발주량 (g)	식재료비 (원)	
				저지방	중지방	고지방			일반우유	저지방우유								
교환단위 합계																		
권장섭취횟수																		
1일 권장섭취횟수																		

6. 식단표 평가하기 : 작성한 식단을 다음과 같은 항목에 따라 평가한 후 'N', 또는 'I'에 해당되는 경우 문제의 사항을 기록하고 수정 또는 개선 사항을 기록한다.

구분	평가항목	Y	N	I
영양	• 식품군을 골고루 사용하였는가? (곡류, 고기·생선·달걀·콩류, 채소류, 과일류, 우유·유제품, 유지·당류) • 영양소 섭취기준에 알맞은 분량으로 배합되었는가?			
기호	• 색, 질감, 향미, 온도, 농도, 외관, (밥과 김치를 제외한) 식재료와 조리법에 변화를 주어 서로 균형을 이루고 있는가? • 급식 대상자에게 전반적으로 만족할 만한 식사계획인가?			
경제	• 계절식품을 구입하였는가? • 예산을 초과하지 않고 적절한 품질의 제품을 구입하였는가?			
능률	• 조리자의 숙련도와 작업 부담을 고려하였는가? • 시설·설비 및 기기의 활용도를 고려한 메뉴 구성을 하였는가?			
위생	• 구입, 보관, 조리과정, 조리 후 배식과정이 위생적인가? • 조리자의 개인위생과 교차위험에 대한 점검 부분이 있는가?			

Y : 예　　N : 아니오　　I : 개선이 필요함

출처 : 강남이 외, 단체급식, 파워북, 2017

수정 또는 개선 사항 기록표

구분	문제점	수정 및 개선 사항
주식		
국/찌개		
반찬 1		
반찬 2		
반찬 3		
후식		

〔실습 3〕 효율적인 식단 작성을 위한 대체식품과 계절식품을 나열한다.

각 식품군에서 대체할 수 있는 식품의 종류를 5가지 이상 열거하시오.

종류		대체식품
곡류	원곡	
감자류	원품	
콩류	콩류	
채소류	일반	
	건조	
	김치	
	과실	
	해초	
어패류	신선	
	가공	
	알류	
수·조·육류	수육	
	조육	
	알류	
	우유	
유지류	식용	
	가공	
조미료·향신료	조미료	
	향신료	
기호품	당류	
	음료	

제철에 나는 계절식품 목록을 확인하고, 추가자료를 검색·조사해 보기

구분	봄	여름	가을	겨울
어패류	가자미, 전어, 삼치, 꽁치, 조기, 주꾸미, 바지락, 키조개, 멍게, 개조개, 멸치	민어, 병어, 도미, 준치, 홍어, 복어, 다시마, 전복	갈치, 고등어, 꽃게, 낙지, 새우	과메기, 굴, 홍합, 꼬막, 대구, 명태, 문어, 오징어, 정어리
채소류	쑥, 쑥갓, 죽순, 풋마늘, 달래, 냉이, 두릅, 미나리, 더덕, 고사리, 봄동, 곰피, 민들레, 참나물, 취나물	풋고추, 오이, 옥수수, 가지, 애호박, 호박잎, 감자, 마늘, 양배추, 도라지, 아욱, 상추, 근대, 깻잎, 머위, 부추, 비름, 청대콩, 완두콩	시금치, 버섯, 단호박, 대추, 더덕, 들깨, 마, 무, 무청, 밤, 고구마, 연근, 수수, 우엉, 잣, 콜라비, 토란	배추, 무, 야콘, 우엉, 검은깨, 시금치, 동초, 땅콩, 팥, 호두
			새송이버섯, 느타리버섯, 표고버섯	
				김, 매생이, 물미역, 파래, 톳
과일류	참다래, 토마토, 딸기	수박, 포도, 복숭아, 참외	사과, 배, 감	

※ 계절식품 조사를 위한 관련 인터넷 사이트

1. 농촌진흥청, 농사로 http://www.nongsaro.go.kr
2. 농림수산식품교육문화정보원, 농식품정보누리 https://www.foodnuri.go.kr/portal/main.do

제4장

급식생산·작업관리

1. 이론적 배경

급식생산관리란 생산활동을 계획, 조직 및 통제하는 일련의 활동으로 단순히 조리과정에만 적용되는 것이 아니라, 구입한 식재료를 이용하여 음식의 형태로 전환하고 생산된 음식을 안전하고 효율적으로 고객들에게 제공하는 전 과정을 포함한다. 이와 같은 급식생산관리 활동에 있어서 레시피recipe는 급식소에서 제공되는 음식의 품질을 일정하게 유지하고 효율적인 생산관리를 위해서 필요하나(표 4-1), 급식소마다 운영형태, 인력 구성, 예산 및 시설·설비 조건 등이 차이가 있으므로 각 급식소 상황에 적합한, 즉 그 급식소의 구비된 조리기구와 기기, 식재료의 형태, 조리사의 기술과 능력하에서 표준화된 레시피standardized recipe를 마련해야 한다. 표준화된 레시피를 개발하는 데에는 많은 시간과 노력이 요구되며(그림 4-1), 급식소의 양적·질적으로 표준화된 급식을 제공하기 위해서는 표준화된 레시피에 대한 지속적인 교육과 훈련을 해야 한다.

표 4-1 표준레시피 사용에 따른 급식 효과

① 음식의 양적·질적 표준 제시
② 정확한 급식 생산량 산출
③ 음식의 원가 및 판매가격의 정확한 산출
④ 급식의 질을 계속 유지함으로써 고객만족도 증진

1) 표준레시피standardized recipe의 구성

(1) **식재료 이름과 재료량** : 식재료의 양은 무게와 부피를 기재하며, 식재료 가식부율이 다르므로 가식량과 구입량(또는 폐기율)을 함께 기입한다.

(2) **조리법** : 전처리 및 조리방법을 조리순서에 따라 명확하고, 구체적으로 서술한다(식재료의 절단 크기, 조리시간과 온도, 필요한 조리기기 및 조리 시 유의점 등).

(3) **총생산량 및 1인 분량** : 총생산량은 중량, 부피, 제공 되는 팬pan 수 및 제공인원 수 등으로 표시할 수 있으며, 배식량의 표준화를 위해 1인 분량으로 표시한다.

(4) **배식방법** : 음식의 종류에 따라 효율적으로 배식할 수 있는 배식도구, 식기의 종류 및 그릇에 담는 방법과 장식에 대한 설명 등을 표시한다.

(5) **기타사항** : 필요시 1인 분량에 대한 영양가와 원가를 표시할 수 있다.

2) 표준레시피의 형식

(1) 기본형 레시피 형식(가정용, basic format)

모든 식재료의 종류가 상단에 쓰여 있고 조리과정은 번호를 매겨 하단에 쓰는 형식이다(그림 4-2).

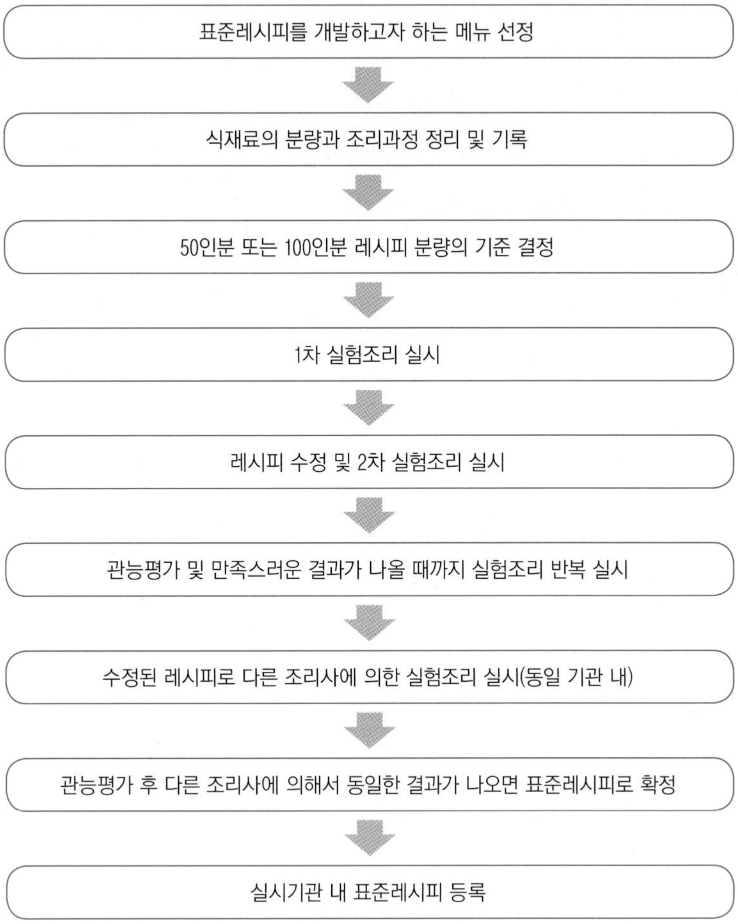

그림 4-1 **표준레시피 개발과정**

이 형식은 시선이 계속적으로 두 곳(식재료명과 조리순서)을 주시해야 하므로 조리 시 재료나 순서를 빼놓고 진행될 수 있다는 단점이 있다.

(2) 블럭형 레시피 형식(구술형, block format)

이 형식은 다량조리를 하는 곳에서 주로 사용되며, 조리과정과 재료들이 순서에 따라 함께 나열되어 있는 형식으로 조리과정에 대한 설명과 사용되는 양이 기술되어 있다(그림 4-3).

냉이된장국

1인 분량	300 g	조리 후 총량	30 kg
식재료명	재료량	구입량	단위(중량 또는 부피)
냉이	4	4.3	kg
모시조개	3	3	kg
된장	0.35	0.35	kg
마늘	0.1	0.1	kg
대파	0.2	0.23	kg
국멸치	0.6	0.6	kg
물	32	32	kg

전처리단계

1. 냉이는 뻣뻣한 잎을 떼고 이물질이 없도록 깨끗이 손질한 후 3회 이상 세척한다.
2. 끓는 물에 소금을 약간 넣어 데친 후 물기를 짠다.
3. 모시조개는 박박 문질러 닦은 후 엷은 소금물에 담가 해감을 뺀다.
4. 멸치는 머리와 내장을 빼고 국솥에서 물과 함께 15분 정도 끓인 후 국물이 우러나면 건져 낸다.

※ 냉이와 모시조개는 이물질이 많아 충분한 전처리 과정이 필요하다.

생산단계

1. 전처리 과정 4에서 준비한 멸치육수에 손질한 모시조개를 넣고 끓인 후 조개의 입이 벌어지면 모시조개는 건져 두고 맑은 국물만 받는다.
2. 1의 국물에 된장을 풀고 끓으면 파와 마늘, 냉이를 넣고 끓인다.
3. 맛이 충분히 우러나면 건져 놓았던 모시조개를 넣는다.

※ 주의사항 : 데친 냉이는 국물이 충분히 끓었을 때 넣어야 색깔이 파랗고 냉이의 독특한 맛도 살릴 수 있다.

배식단계

1. 배식하기 전 온도는 65℃ 이상으로 유지한다.
2. 배식할 그릇에 정해진 1인 분량을 담아 배식한다.

※ 주의사항 : 모시조개와 냉이가 골고루 분배되도록 한다.

필요한 조리기구	국솥(steam kettle) : 총량에 맞추어 국솥의 크기를 결정한다.
배식용기	일반 국그릇, 국용 국자
기타 참고사항	

그림 4-2 기본형 레시피 형식의 예(100인분 기준)

출처 : 강남이 외, 단체급식, 파워북, 2017

(A)형

표준 레시피

영양밥

총 분량 : 인분
1인 분량 : 300g

Code No. KVA006-1

재료의 양(g)				재료명	만드는 방법(순서)	해당 음식 사진 삽입	
1인분(EP)	폐기율(%)	1인분 구입량(AP)	발주량 ( )인분				
195g				물		주 사용장비	
120g				쌀			
15g				단호박	(껍질을 벗긴 후 1.5×1.5cm 깍둑썰기)	조리온도	
5g				생 율			
2g				죽 순	(1×1cm) 가열한다.(30분) → 완성	조리시간	
2.5g				건대추	전날 불린 후 채친다.		
2.5g				깐은행	볶은 후 껍질을 벗긴다.	배식용기	
3g				잣			
1g				흑임자	불린다.	1인당 열량	
5g				기 장			
10g				표 고	(7*7mm 깍둑썰기)	1인당단백질	
15g				당 근			

(B)형

메뉴명

레시피:
장소:
총 인원수:

총생산량
1인 분량:

식재료명	재료의 양		만드는 방법(순서)
	분량	단위	

최신 작성 일자:

그림 4-3 블럭형 레시피 형식의 예

출처 : (위) (사)대한영양사협회, 단체급식 표준레시피 3차개정판, 급식관리지도서 별책부록, 2000 참조; (아래) http://www.chefs-resources.com

2. 실습

실습 주제 : 다양한 형식을 이용하여 표준레시피를 작성하고 형식별 장단점을 비교할 수 있다.

〔실습 1〕 실제 작성한 식단을 이용하여 표준레시피를 작성해 보기
서식 4-1 표준형 레시피 형식
서식 4-2 블럭형 레시피 형식

서식 4-1 기본형 레시피 형식(100인분 기준)

1인 분량		조리 후 총량	
식재료명	재료량	구입량	단위(중량 또는 부피)
전처리단계			
생산단계			
배식단계			
필요한 조리기구			
배식용기			
기타 참고사항			

1인 분량		조리 후 총량	
식재료명	재료량	구입량	단위(중량 또는 부피)

전처리단계

생산단계

배식단계

필요한 조리기구	
배식용기	
기타 참고사항	

1인 분량		조리 후 총량	
식재료명	재료량	구입량	단위(중량 또는 부피)

전처리단계

생산단계

배식단계

필요한 조리기구	
배식용기	
기타 참고사항	

서식 4-2 블럭형 레시피 형식

표준 레시피

총 분량 : 인분 Code No.

<table>
<tr><th colspan="4">재료의 양(g)</th><th rowspan="2">재료명</th><th rowspan="2">만드는 방법(순서)</th><th colspan="2" rowspan="2">해당 음식 사진 삽입</th></tr>
<tr><th>1인분(EP)</th><th>폐기율(%)</th><th>1인분
구입량(AP)</th><th>발주량
( )인분</th></tr>
<tr><td rowspan="6"></td><td rowspan="6"></td><td rowspan="6"></td><td rowspan="6"></td><td rowspan="6"></td><td rowspan="6"></td><td>주 사용장비</td><td></td></tr>
<tr><td>조리온도</td><td></td></tr>
<tr><td>조리시간</td><td></td></tr>
<tr><td>배식용기</td><td></td></tr>
<tr><td>1인당 열량</td><td></td></tr>
<tr><td>1인당단백질</td><td></td></tr>
<tr><td colspan="8"></td></tr>
</table>

표준 레시피

총 분량 :   인분

Code No.

<table>
<tr><th colspan="4">재료의 양(g)</th><th rowspan="2">재료명</th><th rowspan="2">만드는 방법(순서)</th><th colspan="2" rowspan="2">해당 음식 사진 삽입</th></tr>
<tr><th>1인분(EP)</th><th>폐기율(%)</th><th>1인분
구입량(AP)</th><th>발주량
(   )인분</th></tr>
<tr><td rowspan="6"></td><td rowspan="6"></td><td rowspan="6"></td><td rowspan="6"></td><td rowspan="6"></td><td rowspan="6"></td><td>주 사용장비</td><td></td></tr>
<tr><td>조리온도</td><td></td></tr>
<tr><td>조리시간</td><td></td></tr>
<tr><td>배식용기</td><td></td></tr>
<tr><td>1인당 열량</td><td></td></tr>
<tr><td>1인당단백질</td><td></td></tr>
<tr><td colspan="8"></td></tr>
</table>

표준 레시피

총 분량 : 인분

Code No.

<table>
<tr><th colspan="4">재료의 양(g)</th><th rowspan="2">재료명</th><th rowspan="2">만드는 방법(순서)</th><th colspan="2" rowspan="2">해당 음식 사진 삽입</th></tr>
<tr><th>1인분(EP)</th><th>폐기율(%)</th><th>1인분
구입량(AP)</th><th>발주량
(　　)인분</th></tr>
<tr><td rowspan="6"></td><td rowspan="6"></td><td rowspan="6"></td><td rowspan="6"></td><td rowspan="6"></td><td rowspan="6"></td><td>주 사용장비</td><td></td></tr>
<tr><td>조리온도</td><td></td></tr>
<tr><td>조리시간</td><td></td></tr>
<tr><td>배식용기</td><td></td></tr>
<tr><td>1인당 열량</td><td></td></tr>
<tr><td>1인당단백질</td><td></td></tr>
<tr><td colspan="8"></td></tr>
</table>

제5장

구매관리

1. 이론적 배경

1) 구매 절차

(1) 물품구매의 필요성 인식

일반적으로 식단을 작성한 후에 생산을 위해 필요한 물품의 종류와 필요량에 대하여 인식하게 된다. 또는 재고의 수준이 적정 수준 이하일 때도 구매의 필요성이 인식된다.

실사재고 조사지

식품분 류: 소스류
조사일자 : 2018. 5. 3.
담당자 : 홍길동

코드번호	식품명	단위	재고량	단가(원)	유통기한
S0023	냉채 소스	1 kg	2	9,720	2018. 8.12.
S0025	데리야끼 소스	1 kg	1	10,200	2018. 7.19.
S0030	데미글라스 소스	1 kg	3	9,870	2018.10.22.
S0037	오리엔탈 소스	1 kg	4	11,080	2018.12.12.
S0041	강된장 소스	1 kg	5	13,200	2018.11. 4.
S0058	굴 소스	1 kg	3	5,200	2018. 9.24.
S0066	청양풍 매운맛 소스	1 kg	1	6,470	2018. 6. 1.
S0084	유자 레몬 드레싱	1 kg	3	8,700	2018.10.25.

그림 5-1 실사재고조사지의 예

(2) 구매요구서 및 물품구매명세서의 작성

가. 구매요구서

구매요구서는 구매 필요성을 인식한 부서에서 작성하여 구매부서로 보내는 것으로 '구매청구서', '구매의뢰서'라고도 하며, 학교급식에서는 '식재료품의요구서'를 사용한다. 이 요구서는 총 2부를 작성하여 원본 1부는 구매부서, 사본 1부는 구매를 요구한 부서에서 보관한다. 구매요구서는 청구번호, 예산회계번호, 입고날짜, 구매하고자 하는 품목과 품목명세, 필요수량, 가격 등을 포함하여 작성한다.

나. 물품구매명세서

물품구매명세서specification는 구매하고자 하는 물품의 표준품질 및 특성에 대하여 기록한 양식으로 구매명세서, 구입명세서, 물품명세서, 시방서라고도 한다. 물품구매명세서는 생산부서에서 작성하여 구매부서와 공급업체에 송부하며, 검수부서에서는 검수할 때 물품구매명세서에 명시된 대로 물품이

식재료품의요구서

기간 : 2018.05.07~ 2018.05.13(중식) ○○초등학교

관	항	목	세목	결재	교감	교장		

아래와 같이 (매입, 수리, 운반)토록 하여 주시기 바랍니다.

[물품(매입, 수리, 운반)명세]

No.	[코드] 식품명/상세식품명	식품 설명	단위	05.07	05.08	05.09	05.10	05.11	05.12	05.13	총량	업체 정보/비고
1	[160010] 고추장/고추장, 개량식	문옥례고추장, 10 kg	kg			10.00					10.00	공동구매
2	[010020] 밀가루/중력분(국내산)	우리밀 통밀가루 (1 kg, 밀다원)	kg					3.00			3.00	공동구매
3	[010009] 우동/삶은 것	천일식품/사누끼 냉동 우동면 1 kg	kg		40.00						40.00	공산품
8												

그림 5-2 식재료품의요구서(학교급식)의 예

공급되었는지 확인하게 된다. 이 명세서에는 일반적인 제품명, 물품의 품질등급, 제조사, 원산지, 포장 단위와 그에 따른 용량 또는 수량, 특수성분의 함량, 배송 시 냉장 또는 냉동 상태 여부 등의 꼭 필요한 정보를 간단하고 명료하게 작성하여야 한다. 식품별 물품구매명세서를 작성하는 데는 많은 시간과 노력을 요구하므로 현실적으로 모든 물품에 대해 구매명세서를 작성하기 쉽지 않다. 그러므로 우선적으로 고가의 물품에 대해 물품구매명세서를 작성하거나, 발주서에 구매하고자 하는 물품의 품질과 특성을 함께 기록하는 것이 일반적이다.

물품구매명세서

물품명	제조사	과세/비과세	단위	규격	특기사항	원산지
감자, 깐 것	-	면세	kg	개당 200 g	껍질과 싹, 홈이 패인 부분을 깨끗하게 제거한 것, 감자의 알이 잘 여물고 단단한 것	국내산
명태, 코다리살	-	면세	kg	토막당 80 g	냉동품. 뼈를 제거하고 조리 용도에 맞게 절단한 것	러시아산
만두, 물	삼○	과세	봉	1 kg	봉당 10 g×100개. 냉동식품. 유통기한 이내의 것	-

그림 5-3 **물품구매명세서의 예**

(3) 공급업체 선정

구매부서는 구매요구서와 물품구매명세서에 알맞은 물품을 최적의 가격으로 구매하기 위하여 적정한 방법으로 공급업체를 선정하여야 한다.

공급업체를 선정하는 방법은 크게 다음과 같다.

- 경쟁입찰계약 : 일반경쟁입찰, 지명경쟁입찰, 제한경쟁입찰
- 수의계약 : 단수 수의견적, 복수 수의견적

(4) 발주서 작성 및 발주

발주서는 구매표, 발주전표, 주문서라고도 하며 구매담당자가 총 3부를 작성하여 공급업체, 구매부서, 회계부서가 각 1부씩 보관한다. 발주서에는 급식소의 이름과 주소, 공급업체의 이름과 주소, 구매품목명과 발주량, 납품일자 등이 포함되어야 한다. 발주서의 발주량은 재고량을 파악하여 재고가 없는 물품인 경우 필요량 그대로 발주하고, 재고가 있는 경우 그 분량을 고려하여 발주량을 결정한다. 또한 식단에 의해 필요량을 계산할 경우 다음과 같은 방법으로 폐기율을 고려하여 계산한다.

> 발주량 산출 = 1인당 순사용량 × 급식인원 수 × 출고계수
> 출고계수 = 100/(100 - 폐기율)

(5) 물품의 배달 및 검수

공급업체가 물품을 적시에 배달할 수 있도록 구매담당자는 발주 후 업체에 확인을 해야 하며, 공급업체가 물품을 배달할 때는 납품서(거래명세서, 송장)를 구매자에게 송부하고, 검수담당자는 배달된

발주서

일자 : 2018. 6. 4
발송 : 홍 길 동

(단위 : 원)

발주 번호	식재코드	식재명	발주단위규격	식재 입고일	사용량	발주량	단가	발주 합계금액
1	263172	숙주(녹두 : 중국산)	KG	2018-06-08	0.7	1	1,776	1,776
2	264837	혼합채소 (양파, 감자, 당근, 피망)	PK (볶음밥용_1 kg_중국)	2018-06-08	1.5	2	2,500	5,000

그림 5-4 발주서의 예

표 5-1 식품별 폐기율표

식품류	식품명	폐기율(%)	식품류	식품명	폐기율(%)
곡류	쌀, 보리, 율무, 수수	0	과일류	귤	18
감자류	감자	16		오렌지	27
	고구마	7		바나나	40
	마	20		딸기	2
콩류	콩, 팥, 완두, 강낭콩	0	육류	쇠고기(등심, 사태, 살코기)	0
견과류 및 종실류	밤	27		쇠고기(갈비)	17
	은행	30		돼지고기(등심, 목살)	0
	아몬드, 잣, 참깨	0		돼지고기(족발)	55
	호두	55		닭고기(날개)	33
채소류	풋고추	7		닭고기(다리살)	43
	당근	11		닭고기(살코기)	35
	무	6	알류	달걀	13
	부추, 상추, 애호박, 콩나물	0		오리알	12
	시금치	5	어패류	가자미	45
	양배추	20		갈치	33
	양파	8		고등어	41
	오이	5		꽁치	44

(계속)

식품류	식품명	폐기율(%)	식품류	식품명	폐기율(%)
채소류	대파	13	어패류	명태	61
	토마토	1		멸치(말린 것)	0
버섯류	표고, 느타리, 양송이(생)	0		오징어	22
	팽이버섯(생)	36		바지락	53
	송이버섯(생)	5		꼬막	74
과일류	수박	31		새우(대하)	46
	사과(부사)	13		꽃게	61
	참외	22	해조류	김, 미역, 다시마, 톳	0
	배(신고)	17	우유 및 유제품	우유, 요구르트, 치즈	0
	복숭아	5	유지류	참기름, 버터, 콩기름	0

출처 : 강남이 외, 단체급식, 파워북, 2017

표 5-2 **검수 시 식재료 규격 확인사항**

구분	식재료 규격	비고
곡류 및 과채류	원산지 표시 또는 친환경농산물인증품, 이력추적관리농산물, 지리적특산품 등을 표시한 제품	납품서에 표기
전처리 농산물	제품명, 제조 연월일, 전처리하기 전 식재료의 품질(원산지, 품질등급, 생산연도), 내용량, 보관 및 취급 방법 등을 표시한 제품	
어육류	1. 신뢰성 있는 인가된 업체 2. 육류는 도축검사증명서, 등급판정확인서가 있는 것 3. 수입육인 경우 수출국에서 발행한 검역증명서, 수입신고필증이 있는 제품 4. 어류는 원산지 표시한 제품 5. 냉장·냉동 상태로 유통되는 제품	도축검사증명서 등급판정확인서 납품서에 원산지 표기
어육류 가공품	1. 인가된 업체의 제품 2. 원산지 표시 및 유통기한 이내의 제품 3. 냉장·냉동 상태로 유통되는 제품	납품서에 원산지 표기
알류	위생적으로 처리된 등급판정란	
김치류	1. 인가된 업체의 제품 2. 포장상태가 완전한 제품 3. 제조일자 표기	납품서에 원산지 표기
양념류	1. 살균처리하여 포장된 제품 2. 표시기준을 준수한 식품	
기타 가공품	1. 모든 가공품은 유통기한이 표시되고 유통기한 이내의 것 2. 포장이 훼손되지 않은 것	납품서에 표기

물품을 발주서, 납품서, 물품구매명세서와 대조하여 물품의 품질과 수량, 규격 등이 주문한 것과 일치하는지 철저하게 검수하여야 한다. 만일 문제가 있을 경우 반품 또는 즉시 조치하여 급식 생산에 차질이 생기지 않도록 하여야 한다. 문제가 없을 경우 물품을 인수하고 검수일지에 기록한다.

표 5-3 식품별 검수방법

구분	품명		검수기준
곡류	쌀		• 쇄미가 없고 윤기가 나는 것 • 곰팡이 냄새 또는 찌든 내가 없어야 함 • 병해, 병충해 등이 없어야 함 • 이물질이 섞여 있지 않아야 함
곡류	밀가루		• 건조상태가 좋아서 손으로 쥐었다 놓았을 때 덩어리가 지지 않는 것 • 이취와 이미가 없는 것
서류	감자		• 푸른색을 띠지 않고 싹이 나지 않은 것 • 단단하며 표면에 골이 많지 않고 매끄러운 것
서류	고구마		• 용도에 맞는 고구마를 고를 것 • 표면이 매끈하고 단단한 것 • 병충해의 흠집이 없고 싹이 나지 않은 것 • 선명한 적자색인 것
채소류	엽채류	대파	• 잎이 녹색으로 두껍지 않고 연한 것 • 꽃대가 피지 않은 것
채소류	엽채류	시금치	• 잎이 연녹색으로 넓고 연한 것 • 병충해를 입은 것이나 누런 떡잎이 없어야 함
채소류	엽채류	배추	• 잎이 두껍지 않고 연하며 굵은 섬유질이 없어야 함 • 같은 크기라면 알차고 무거운 것이 좋으며, 누런 떡잎이 없는 것
채소류	엽채류	양배추	• 속에 심이 없고 단단한 것 • 잎이 연하고 누런 떡잎이 없는 것
채소류	엽채류	상추	• 품종(적상추, 청상추 등)에 따른 고유의 색깔을 띠고 잎이 짓무르지 않은 것 • 크기가 일정하고 이물질이 없는 것
채소류	구근류	당근	• 모양이 위와 아래의 굵기 차이가 많지 않고 통통한 것 • 표면이 매끄럽고 갈라진 부분이 없는 것 • 잘랐을 때 심이 없으며 내부까지 균일한 주황색인 것
채소류	구근류	무	• 속이 꽉 차고 단단하며 무거운 것 • 잔뿌리가 적고 썩거나 벌레 먹은 부분이 없는 것 • 잘랐을 때 바람이 들지 않고 까만 심이 없는 것
채소류	구근류	양파	• 싹이 트지 않고 껍질에 광택이 있는 것 • 단단하고 무르지 않으며 상처가 없는 것
채소류	과채류	오이	• 품종(취청오이, 다대기오이) 고유의 색을 띠고 가시가 많으며, 단단한 것 • 형태가 곧고 굵기가 일정하며 성숙한 씨가 없는 것

(계속)

<table>
<tr><th>구분</th><th colspan="2">품명</th><th>검수기준</th></tr>
<tr><td rowspan="2">채소류</td><td rowspan="2">과채류</td><td>호박</td><td>• 품종(애호박, 돼지호박) 고유의 색을 띠고 윤기가 나는 것
• 껍질은 연하고 육질은 단단한 것</td></tr>
<tr><td>청고추</td><td>• 선명한 녹색을 띠고 형태가 바르며 꼭지가 마르지 않은 것
• 생식용인 경우 섬유질이 연하며 질기지 않은 것</td></tr>
<tr><td rowspan="3">육류</td><td colspan="2">쇠고기</td><td>• 고기의 색은 선홍색이며 지방은 우유빛으로 윤기가 나는 것
• 결이 곱고 미세하며 탄력이 있는 것
• 이취가 없는 것</td></tr>
<tr><td colspan="2">돼지고기</td><td>• 고기의 색은 분홍빛을 내는 붉은색이며, 지방의 색은 희고 굳은 것
• 결이 곱고 탄력이 있으며 이취가 없는 것</td></tr>
<tr><td colspan="2">닭고기</td><td>• 연분홍색으로 탄력이 있는 것
• 표면이 끈적거리지 않으며, 날개 끝의 색이 밝은 것
• 이취가 없는 신선한 것</td></tr>
<tr><td rowspan="4">어패류</td><td colspan="2">생선류</td><td>• 색채가 맑고 눈알이 푸르고 맑으며 아가미가 선명한 것
• 육질이 단단하고 탄력이 있는 것
• 비늘이 어체에 밀착되어 있고, 이취가 나지 않는 것</td></tr>
<tr><td colspan="2">연체류</td><td>• 문어나 오징어는 살이 두껍고 탄력이 있으며 색이 선명한 것</td></tr>
<tr><td colspan="2">갑각류</td><td>• 게는 발이 모두 붙어 있고 무거우며 살이 있는 것, 입과 배 사이에 검은 반점이 없고 악취가 없는 것
• 새우는 껍질이 단단하고 투명하며 윤기가 있는 것
• 생새우살은 투명한 보랏빛이 나는 것</td></tr>
<tr><td colspan="2">패류</td><td>• 패류는 가능한 살아 있는 것으로 껍질이 닫혀 있는 것
• 바지락은 껍질에 구멍이 없고 작은 것
• 굴은 몸집이 통통하며 색이 맑고 탄력이 있는 것</td></tr>
</table>

(6) 구매기록의 보관 및 대금 지불

구매절차가 이루어지는 동안의 모든 업무내용은 문서로 기록하여 보관하도록 한다. 이러한 정보의 기록은 정보자원으로 다음 구매를 효율적이면서 효과적으로 이루어지게 한다. 발주서와 납품서 등은 대금 지불을 위한 근거자료가 되며, 계약서나 발주서와 같이 법적인 효력을 갖는 문서는 일정 기간 동안 반드시 보관한다.

학교급식에서 축산물의 경우는 축산물등급판정 확인서를 제출받아 3년간 보관하도록 하고 있다.

2) 시장조사

시장조사는 구입할 품목의 시장가격, 수급 상황, 가격변동 추이 등을 조사하여 합리적인 구매계획이 되도록 실시하며, 다음과 같은 내용이 포함된다.

일일 발주서/식재검수 일지

결재	담당	점장

출력일자 : 2018-05-23
출력시간 : 09:30:14
출력자 : ○○○

사업장 : ○○○○점　식재입고일 : 2018년 5월 23일 (수)　발주 구분 : 긴급, 정상　PAGE : 1of 3

식재코드	식재명	규격	메뉴 제공일	발주량	원산지	업체명	유통기한	식재온도 (℃)	식품 포장 상태(○,×)	품질상태 (○,×)
25664669	감자(상)	KG(조림용 개당 40~60 g)	23	8.00	국내산	농업회사법인 (주)해성_농원				

배송차량확인	• 차량 내부 바닥, 천장 및 칸막이에 이물질은 없는가? (양호, 불량) • 냉각팬에 곰팡이 및 먼지는 없는가? (양호, 불량) • 온도 확인은 하였는가? 냉장(　　℃), 냉동(-　　℃)

그림 5-5 일일 발주서 및 식재검수 일지의 예

급식소 보관용	식재료 반품 확인서

1. 납품업체명 :
2. 납품 일시 :
3. 품목 및 수량
4. 반품 이유 :

확인자 : (서명)

입회자 : (서명)

절 취 선

업 체 보관용	식재료 반품 확인서

1. 납품업체명 :
2. 납품 일시 :
3. 품목 및 수량
4. 반품 이유 :

확인자 : (서명)

입회자 : (서명)

그림 5-6 식재료 반품 확인서의 예

표 5-4 시장조사의 내용

항목	내용
품목	구매시장 종류에 따른 공급품목, 품목별 제조업체, 품목별 대체식품, 신제품 등 조사
품질	구매하고자 하는 물품의 가격과 품질 간의 관계 조사
수량	물품별 포장단위, 할인율, 유통기한 등을 고려한 구매수량 조사
가격	가격과 품질 간의 관계, 물품의 가치, 거래량에 의한 가격변화 효과 등을 고려한 가격조사
시기	농수산물의 출하시기와 가격변동, 물가, 구매빈도 등을 고려하여 구매시기 결정
공급업체	구매하고자 하는 물품의 공급이 가능한 업체의 실태조사를 통해 안정된 공급업체 선정
거래조건	물품 인수 및 반품, 대금 지불조건 등 구매비용을 절감할 수 있는 거래조건 조사

단체급식에서 사용하는 식재료는 매우 다양하며 식재료를 구입할 수 있는 시장의 종류는 거래하는 품목에 따라 양곡시장, 농산물시장, 청과물시장, 수산물시장, 및 축산물시장 등으로 분류한다. 또한 유통경로에 따라 산지시장, 도매시장, 및 소매시장으로 구분할 수 있다. 표 5-5는 시장조사 시 도움을 받을 수 있는 기관과 대표적인 지역시장의 예이다.

표 5-5 식재료 가격 검색 및 조사를 위한 시장

구분	관련 검색 사이트 및 시장	
시장조사	농림축산식품부 도매시장 통합 홈페이지	http://market.okdab.com
	한국농수산식품유통공사	http://www.at.or.kr
	농사로	http://www.nongsaro.go.kr
	축산물품질평가원	http://www.ekape.or.kr
	농산물 유통정보	http://www.kamis.or.kr
	농림축산식품 공공데이터 포털	http://data.mafra.go.kr
	전국도매시장 농산물 실시간 경매·경락 가격	http://www.asak.co.kr
지역시장	서울시농수산식품공사(가락시장/강서시장/양곡시장)	http://www.garak.co.kr
	노량진 수산물 도매시장	http://www.susansijang.co.kr
	마장축산물시장	http://www.mjmm.co.kr
	인천광역시 구월농축산물 도매시장	http://gm.incheon.go.kr

3) 원산지 표시에 관한 사항

농수산물의 원산지 표시에 관한 법률(약칭 : 원산지표시법)은 농산물·수산물이나 그 가공품 등에 대하여 적정하고 합리적인 원산지 표시를 하도록 하여 소비자의 알 권리를 보장하고, 공정한 거래를 유도함으로써 생산자와 소비자를 보호하는 것을 목적으로 한다(농수산물의 원산지 표시에 관한 법률 제1장 제1조). 집단급식소에서는 농수산물의 원산지 표시에 관한 법률 시행규칙 제3조(원산지의 표시방법)에 따라 원산지를 표시하며, 그 기본적인 사항을 표 5-6과 같이 일부 생략하여 정리하였다.

시장조사서

시장조사일자 : 2018. 5. 6 ~ 2018. 5. 10
급식일자 : 2018. 6. 25 ~ 2018. 6.29
조사장소 : 1. ○○마트 2. ____________ 3. ____________

식품코드	식품명	상세식품명	식품 설명	단위	적용 금액	조사금액			비고
						조사장소 1	조사장소 2	조사장소 3	
160003	간장	양조간장	순창, 우리콩진간장	kg					
160010	고추장	고추장, 개량식	문옥례고추장	kg					

그림 5-7 시장조사 서식(학교급식)의 예

표 5-6 영업소 및 집단급식소의 원산지 표시방법

영업소 및 집단급식소의 원산지 표시방법(농수산물의 원산지 표시에 관한 법률 제3조제2호 관련) 〈개정 2017. 5. 30.〉

1. 공통적 표시방법

가. 음식명 바로 옆이나 밑에 표시대상 원료인 농수산물명과 그 원산지를 표시한다. 다만, 모든 음식에 사용된 특정 원료의 원산지가 같은 경우 그 원료에 대해서는 다음 예시와 같이 일괄하여 표시할 수 있다.

[예시]

우리 업소에서는 "국내산 쌀"만 사용합니다.

우리 업소에서는 "국내산 배추와 고춧가루로 만든 배추김치"만 사용합니다.

나. 원산지의 글자 크기는 메뉴판이나 게시판 등에 적힌 음식명 글자 크기와 같거나 그 보다 커야 한다.

다. 원산지가 다른 2개 이상의 동일 품목을 섞은 경우에는 섞음 비율이 높은 순서대로 표시한다.

[예시 1]

- 쇠고기

불고기(쇠고기 : 국내산 한우와 호주산을 섞음), 설렁탕(육수 : 국내산 한우, 쇠고기: 호주산), 국내산 한우 갈비뼈에 호주산 쇠고기를 접착(接着)한 경우 : 소갈비(갈비뼈 : 국내산 한우, 쇠고기 : 호주산) 또는 소갈비(쇠고기 : 호주산)

라. 쇠고기, 돼지고기, 닭고기, 오리고기, 넙치, 조피볼락 및 참돔 등을 섞은 경우 각각의 원산지를 표시한다.

[예시] 햄버그스테이크(쇠고기 : 국내산 한우, 돼지고기 : 덴마크산), 모둠회(넙치 : 국내산, 조피볼락 : 중국산, 참돔 : 일본산)

마. 생략

바. 농수산물 가공품을 사용한 경우에는 그 가공품에 사용된 원료의 원산지를 표시하되, 다음 1) 및 2)에 따라 표시할 수 있다.

[예시] 부대찌개(햄(돼지고기 : 국내산)), 샌드위치(햄(돼지고기 : 독일산))

사. 농수산물과 그 가공품을 조리하여 판매 또는 제공할 목적으로 냉장고 등에 보관·진열하는 경우에는 제품 포장재에 표시하거나 냉장고 등 보관장소 또는 보관용기별 앞면에 일괄하여 표시한다.

2. 영업형태별 표시방법

가. 휴게음식점영업 및 일반음식점영업을 하는 영업소

생략

나. 위탁급식영업을 하는 영업소 및 집단급식소

1) 식당이나 취식장소에 월간 메뉴표, 메뉴판, 게시판 또는 푯말 등을 사용하여 소비자(이용자를 포함한다)가 원산지를 쉽게 확인할 수 있도록 표시하여야 한다.

2) 교육·보육시설 등 미성년자를 대상으로 하는 영업소 및 집단급식소의 경우에는 1)에 따른 표시 외에 원산지가 적힌 주간 또는 월간 메뉴표를 작성하여 가정통신문(전자적 형태의 가정통신문을 포함한다)으로 알려주거나 교육·보육시설 등의 인터넷 홈페이지에 추가로 공개하여야 한다.

다. 생략

3. 원산지 표시대상별 표시방법

가. 축산물의 원산지 표시방법 : 축산물의 원산지는 국내산(국산)과 외국산으로 구분하고, 다음의 구분에 따라 표시한다.

1) 쇠고기

가) 국내산(국산)의 경우 "국산"이나 "국내산"으로 표시하고, 식육의 종류를 한우, 젖소, 육우로 구분하여 표시한다. 다만, 수입한 소를 국내에서 6개월 이상 사육한 후 국내산(국산)으로 유통하는 경우에는 "국산"이나 "국내산"으로 표시하되, 괄호 안에 식육의 종류 및 출생국가명을 함께 표시한다.

[예시] 소갈비(쇠고기 : 국내산 한우), 등심(쇠고기 : 국내산 육우), 소갈비(쇠고기 : 국내산 육우(출생국 : 호주))

나) 외국산의 경우에는 해당 국가명을 표시한다.

[예시] 소갈비(쇠고기 : 미국산)

2) 돼지고기, 닭고기, 오리고기 및 양고기(염소 등 산양 포함)

가) 국내산(국산)의 경우 "국산"이나 "국내산"으로 표시한다. 다만, 수입한 돼지 또는 양을 국내에서 2개월 이상 사육한 후 국내산(국산)으로 유통하거나, 수입한 닭 또는 오리를 국내에서 1개월 이상 사육한 후 국내산(국산)으로 유통하는 경우에는 "국산"이나 "국내산"으로 표시하되, 괄호 안에 출생국가명을 함께 표시한다.

(계속)

[예시] 삼겹살(돼지고기 : 국내산),
삼겹살(돼지고기 : 국내산(출생국 : 덴마크))

나) 외국산의 경우 해당 국가명을 표시한다.

[예시] 삼겹살(돼지고기 : 덴마크산)

나. 쌀(찹쌀, 현미, 찐쌀을 포함한다. 이하 같다) 또는 그 가공품의 원산지 표시방법 : 쌀 또는 그 가공품의 원산지는 국내산(국산)과 외국산으로 구분

다. 배추김치의 원산지 표시방법

1) 국내에서 배추김치를 조리하여 판매·제공하는 경우에는 "배추김치"로 표시하고, 그 옆에 괄호로 배추김치의 원료인 배추(절인 배추를 포함한다)의 원산지를 표시한다. 이 경우 고춧가루를 사용한 배추김치의 경우에는 고춧가루의 원산지를 함께 표시한다.

[예시]
- 배추김치(배추 : 국내산, 고춧가루 : 중국산), 배추김치(배추 : 중국산, 고춧가루 : 국내산)
- 고춧가루를 사용하지 않은 배추김치 : 배추김치(배추 : 국내산)

2) 외국에서 제조·가공한 배추김치를 수입하여 조리하여 판매·제공하는 경우에는 배추김치를 제조·가공한 해당 국가명을 표시한다.

[예시] 배추김치(중국산)

라. 콩(콩 또는 그 가공품을 원료로 사용한 두부류·콩비지·콩국수)의 원산지 표시방법 : 두부류, 콩비지, 콩국수의 원료로 사용한 콩에 대하여 국내산(국산)과 외국산으로 구분하여 다음의 구분에 따라 표시한다.

1) 국내산(국산) 콩 또는 그 가공품을 원료로 사용한 경우 "국산"이나 "국내산"으로 표시한다.

[예시] 두부(콩 : 국내산), 콩국수(콩 : 국내산)

2) 외국산 콩 또는 그 가공품을 원료로 사용한 경우 해당 국가명을 표시한다.

[예시] 두부(콩 : 중국산), 콩국수(콩 : 미국산)

마. 넙치, 조피볼락, 참돔, 미꾸라지, 뱀장어, 낙지, 명태, 고등어, 갈치, 오징어, 꽃게 및 참조기의 원산지 표시방법 : 원산지는 국내산(국산), 원양산 및 외국산으로 구분하고, 다음의 구분에 따라 표시한다.

1) 국내산(국산)의 경우 "국산"이나 "국내산" 또는 "연근해산"으로 표시한다.

[예시] 넙치회(넙치 : 국내산), 참돔회(참돔 : 연근해산)

2) 원양산의 경우 "원양산" 또는 "원양산, 해역명"으로 한다.

[예시] 참돔구이(참돔 : 원양산), 넙치매운탕(넙치 : 원양산, 태평양산)

3) 외국산의 경우 해당 국가명을 표시한다.

[예시] 참돔회(참돔 : 일본산), 뱀장어구이(뱀장어 : 영국산)

바. 생략

2. 실습

실습 주제 : 구매절차에 따라 관련된 서식을 작성해 본다.

〔**실습 1**〕 단체급식에서 사용 가능한 식재료를 조사·분류하고, 유통과정에 따른 식재료 가격의 차이를 비교해 본다.

1) 단체급식에서 사용 가능한 식재료군

(1) 곡류 및 그 제품

(2) 감자 및 전분류

(3) 콩류 및 그 제품

(4) 당류 및 그 제품

(5) 종실류 및 그 제품

(6) 채소류

(7) 버섯류

(8) 과실류

(9) 육류 및 그 제품

(10) 알류

(11) 어패류

(12) 해조류

(13) 우유류 및 그 제품

(14) 유지류

(15) 음료 및 주류

(16) 조미료류

(17) 조리가공식품류

(18) 기타

2) 시장조사 서식의 예

시장조사일자 :
급식일자 :
조사장소 : 1. ______________ 2. ______________ 3. ______________

식품코드	식품명	상세식품명	식품 설명	단위	적용 금액	조사금액			비고
						조사장소 1	조사장소 2	조사장소 3	

시장조사일자 :

급식일자 :

조사장소 : 1. ______________ 2. ______________ 3. ______________

식품코드	식품명	상세식품명	식품 설명	단위	적용 금액	조사금액			비고
						조사장소 1	조사장소 2	조사장소 3	

시장조사일자 :

급식일자 :

조사장소 : 1. ______________ 2. ______________ 3. ______________

식품코드	식품명	상세식품명	식품 설명	단위	적용 금액	조사금액			비고
						조사장소 1	조사장소 2	조사장소 3	

시장조사일자 :

급식일자 :

조사장소 : 1. ______________ 2. ______________ 3. ______________

식품코드	식품명	상세식품명	식품 설명	단위	적용 금액	조사금액			비고
						조사장소 1	조사장소 2	조사장소 3	

〔**실습 2**〕 작성한 식단의 식재료에 대하여 사용량, 발주량, 단가 등을 기입하여 발주서를 작성한다.

발주서 서식의 예

발주서

일자 :

발송 : (단위 : 원)

발주 번호	식재코드	식재명	발주단위 규격	식재 입고일	사용량	발주량	단가	발주 합계금액

[실습 3] 본인이 작성한 식단의 식재료에 대하여 원산지 표시를 해야 하는 품목을 찾고, 원산지 표시법에 따라 식단표를 작성한다.

자신이 집단급식소의 영양사라 생각하고 급식시설에 게시할 식단표를 만들어 본다.

제6장

급식서비스관리

1. 이론적 배경

최근 모든 분야에서 서비스의 비중이 높아지면서 높은 품질의 서비스를 제공하는 것은 기업성공의 필수적인 요소가 되었다 특히 급식산업 시장의 확대로 인하여 단체급식 분야 역시 경쟁이 심화되고 있으며, 이와 같은 상황에서 경쟁력을 갖추기 위한 급식서비스에 대한 개발이 필요하게 되었다. 급식서비스 분야는 급식을 통해 고객(피급식자)과 만나 서비스가 이루어지는 관계로, 이 시점에서 이루어지는 상호작용과 결과는 중요한 기업의 이미지를 형성한다고 한다. 즉 '고객이 서비스와 직접적으로 접촉하여 상호작용의 기간'을 고객접점서비스service encounter라고 하며, 고객이 그 접점에서 제공하는 서비스에 대해 반응하는 순간으로 해석하고 있다. 따라서 고객접점에 대한 분석과 각 접점에서 고객을 만족(감동)시킬 수 있는 서비스방법에 대한 방안을 구축하고 훈련하는 것은 매우 중요하다. 예를 들어, 고객접점서비스가 가장 많이 이루어지는 병원의 경우 입원환자에게 식사를 제공하고 상담과 교육을 하는 과정도 환자인 고객에 대한 다양한 서비스가 이루어지는 과정이므로 고객의 만족도를 높이기 위한 고객접점관리 매뉴얼을 구축하고, 그에 따른 교육·훈련을 통하여 만족스러운 서비스가 제공되도록 해야 한다.

1) 고객접점서비스

병원, 호텔, 급식센터 및 다양한 공공기관 등의 서비스 분야에서는 서비스 제공자와 고객 간의 다양한 상호작용이 일어나며, 그 순간이 고객의 만족도 형성에 결정적인 요소가 될 수 있다. '**결정적 순간** moment of truth, MOT'이라는 개념은 스칸디나비아 항공사Scandinavian Airline System, SAS의 얀 칼슨Jan Calson 회장이 고객접점의 중요성을 강조하기 위해 사용하면서 유명해진 용어이다. 즉 고객의 접점에서 서비스 제공자의 다양한 반응(고객에 대한 관심과 집중 정도, 신속한 응대, 차별화된 서비스제공 등)은 고객서비스의 만족도 향상에 중요한 요인임을 제시하고 있다.

따라서 고객접점은 서비스 분야에 있어서 매우 중요한 지점으로, 대인(인적)접점, 전화접점 및 원격접점 등으로 분류한다. 급식서비스는 급식이 제공되는 곳에서 고객과 종사자 간의 대면은 불가피한 상황이므로, 특히 대인접점에서의 상호작용의 중요성이 강조된다.

- 대인접점 : 접수창구, 약국, 진료실과 같이 직접 고객과 대면하는 접점
- 전화접점 : 전화상담이나 인터넷 예약과 같은 유무선 통신상의 대화를 근거로 하는 접점
- 원격접점 : 현금지급기와 같은 자동화코너나 무인 신문판매점 같은 자동화기기를 통한 접점

2) 고객접점의 구성요소

최근 들어, 의료기관의 경우에는 '환자만족도'라는 말 대신 '환자(고객)경험평가'라는 개념으로 서

비스에 대한 평가를 하고 있다. '환자경험'이란 전 세계적으로 보건의료 분야에서 각광받는 주제 중 하나이다. 의료기관을 이용하고 난 뒤에 느낀 경험을 다소 객관화해 평가하는 것으로, 환자에게 진료 후 귀가 한 후 병원이 어떠했는지를 질문하는 경우에는 질병에 대한 치료만을 이야기하는 것이 아니라 병원을 들어서면서부터 만나는 사람과 의료진, 병원에서 경험했던 장소와 시설 등 모든 것을 이야기하게 된다. 따라서 서비스가 이루어지는 모든 접점에서 고객이 어떠한 경험을 하였는지, 즉 제공받은 서비스 결과뿐 아니라 서비스의 전달과정도 고객에게 영향을 미치게 된다. 서비스 마케팅 전략 측면에서 다음 세 가지는 고객에게 영향을 주는 3요소로 '**고객접점의 3P**'라 말하며, 서비스의 목표 달성을 위해 반드시 관리되어야 한다.

(1) 과정(PROCESS) : software

과정이란 서비스가 전달되는 절차나 활동의 흐름으로 고객이 접하는 서비스 시스템(내부 시스템의 절차, 예약, 서비스, 업무처리, 대기실 운영 등)을 말한다 서비스는 하나의 과정을 통해 소비자에게 전달되므로 서비스의 효율성을 높이고 고객만족을 증대하기 위해 서비스 전달시스템 설계가 대단히 중요하다.

(2) 사람(PEOPLE) : humanware

서비스는 종업원의 행위를 통해 고객들에게 전달되기 때문에 인적 자원과 관련된 요소(친절도, 용모, 유니폼, 태도, 의사소통, 매너, 성실성, 신뢰성, 이미지 등)에 대해서 지속적인 교육·훈련을 하는 것은 매우 중요하다.

(3) 물리적 근거(PHYSICAL EVIDENCE) : hardware

서비스는 눈에 보이지 않기 때문에 물리적 근거를 통해 서비스 품질을 제공하게 된다. 물리적 근거란 고객이 공간에서 체감하는 온도, 조명, 소음 등과 같은 요소와 공간적 배치와 기능성 등을 포함된다. 예를 들어, 병원의 경우에는 교통, 주차시설, 건물 청결상태, 진료시설의 수준 등을 경험하게 되며, 이러한 물리적 근거는 고객과 종사자들에게 다양한 인지적·심리적 반응을 일으키고, 결과적으로 외적 행동에 영향을 미치게 된다,

3) 고객접점 설계 및 서비스 표준 매뉴얼

고객중심의 서비스가 제공되기 위해서는 고객의 관점에서 서비스의 실태와 문제점을 구체적으로 경험하고 측정해야 하고, 그에 대한 내용을 정리 분석한 후 고객접점이 이루어지는 단위접점별 표준화된 매뉴얼을 작성해야 한다. 다음은 의료기관에서 고객중심의 고객접점 매뉴얼을 만들어가는 단계이다.

1단계 : 고객입장에서 걸어본다.

- 고객의 관점에서 우리 병원과 만나는 시작부터 끝까지의 접점을 찾아본다.
- 고객중심의 고객접점을 만들기 위해서는 먼저 고객의 입장에서 보는 역지사지易地思之의 정신이 필요하다. 고객의 상황에서 겪는 불편, 애로사항, 상담욕구 등을 파악하기 위해서는 타 부서에 대한 고객접점 조사를 서로 바꾸어 해보는 것도 도움이 된다.

2단계 : 고객접점 유니트(unit)를 설계한다.

- (병원 내) 각 부서의 고객접점 특징을 파악하여 고객접점의 단위를 구분하여 먼저 고객접점 유니트를 정의한다.
- 병원은 복잡한 구조로 되어 있고 각각의 부서나 담당자들은 전문성을 가지고 자신의 업무에 집중하기 때문에 전체를 바라보는 시각이 다소 부족하다고 볼 수 있다. 그러나 고객은 직접 진료를 받으면서 전체 서비스를 경험하고 있다. 병원의 원장이나 직원들보다 오히려 전체 고객접점을 더욱 자세히 알고 있다. 그래서 고객접점 유니트란 고객접점을 서비스 단위별로 재구성해 보는 작업이다.

3단계 : 우리 팀의 고객접점 사이클을 찾는다.

- 고객의 관점에서 만나지는 우리 팀의 고객접점 사이클을 정의한다.
- 고객접점 사이클이란 고객이 병원과 처음 접촉해서 떠날 때까지 서비스 행동의 전체 과정을 고객의 입장에서 그려보는 방법이다. 우선적으로 고객접점을 목록화하여 고객이 서비스를 받는 시점부터 서비스 완료시점까지를 정리한다. 이 과정에서 서비스의 접점에서 불량 포인트가 있는지를 고객의 입장에서 분석한다.

  병원 각 부서의 직원들은 자신들이 맡고 있는 부문만 이해하는 경향이 높으므로 고객이 병원과 만나는 부문을 전체적으로 이해함으로써 더 나은 서비스의 전달과정이 되도록 서비스 전달시스템을 재구축하는 데 목표가 있다.

4단계 : 나의 고객접점 시나리오를 만든다.

- 고객접점 사이클 중에서 나의 고객접점 사이클을 찾아서 고객접점 시나리오를 만든다.
- 팀 단위 고객접점 사이클을 찾고 나면 개인의 고객접점도 찾아질 것이다. 이제는 개인의 고객접점은 어떻게 개선할 것인지를 알아본다. 개인의 전화접점을 개선하기 위해서는 가운데에 전화접점의 단위를 쓰고 왼쪽에 현상을, 오른쪽에 개선안을 쓰는 T진료기록지(T자 모양의 진료기록지)를 이용한다.

5단계 : 새로운 표준안대로 행동한다.

- 각 접점단위별로 고객접점 표준안을 만들고, 팀별로 표준안대로 훈련하고 행동한다.

- 개인의 고객접점 개선안에서 마련된 고객서비스 행동지침을 정리하여 고객접점 표준안을 만든다. 새롭게 만들어진 표준안은 고객 서비스 상황에서 단순한 업무적 대응만이 아니라 좀 더 세부적이고 필요한 사항을 고객에게 제공하고, 선진 목표가 지켜질 수 있는 표준지침을 운영한다. 새로운 표준고객접점은 구체적이고 평가가 가능하며 고객의 만족여하에 따라 새로운 표준이 도입될 수 있는 융통성을 가지고 있어야만 고객의 체감을 반응하는 고객접점의 운영이라 할 수 있다.

고객서비스 표준안이 결정되면 표준안대로 훈련을 하고 교육받은 대로 행동하는 일이 중요하다. 이후에는 표준안대로 행동하고 있는지를 주기적으로 점검하고 미비한 점을 보완해야 한다.

4) 고객접점 서비스 품질평가 및 관리

(1) 고객만족도 조사

고객의 만족도 조사customer satisfaction index, CSI는 일정 기간마다 고객만족도를 조사하는 방법으로 병원의 경우 진료를 마치고 가는 고객을 대상으로 그때그때 진료와 서비스에 대한 만족도를 조사한다. 고객만족도 조사는 대개 설문지를 이용하는데, 고객에게 직접 작성하게 하거나 전화로 조사하는 방법도 있다. 조사목적은 정기적으로 만족도를 분석하여 서비스 품질을 평가하고 개선자료로 활용하기 위한 것이다

(2) 모니터링

모니터링이란 서비스 품질을 직접 관찰하여 평가하는 것이다.

- 미스터리 쇼핑mystery shopping : 일명 '암행감사'라고 부르기도 한다. 일반 고객으로 가장한 쇼퍼shopper가 일선 매장에서 실제 물건을 사면서 점원의 친절도, 외모, 판매기술, 사업장 내의 제품 품질 및 청결도 등을 면밀히 점검하여 의뢰 고객사에게 결과를 제출하는 것을 말한다. 병원에서도 서비스를 개선하기 위해 이러한 방법을 활용하는 경우가 있는데, 눈에 보이는 상품이 아닌 직접 시술을 받아야 하는 점 때문에 그 범위가 한정될 수밖에 없지만 병원 서비스를 평가할 때 활용하기도 한다.
- 전화 모니터링 : 고객을 가장하여 전화를 해봄으로써 전화접점에서의 고객응대 태도, 진료에 대한 정확하고 친절한 설명, 불평고객 응대기술 등을 평가하고 이를 개선하기 위한 방안을 마련할 수 있다.

5) 의료기관에서 급식서비스의 고객접점 분석과 시나리오의 예

(1) 배식과정 접점 분석과 시나리오

배식원을 만난다.

↓

식사상을 받는다.

↓

간식을 받는다.

↓

퇴식상을 내놓는다.

그림 6-1 **배식과정에서의 접점분석**

표 6-1 **접점별 서비스포인트와 시나리오의 예**

접점 단계	응대 서비스	서비스 포인트
배식원을 만난다.	"안녕하십니까? 식사 왔습니다."	노크를 2번 한 후 문을 연다. 밝은 표정으로 말한다.
식사상을 받는다.	밝은 미소를 띠며 "성함과 생년월일이 어떻게 되십니까?" 환자의 대답을 듣고 "000님 식사입니다. 맛있게 드십시오." 〈일반식 상식의 경우〉 "선택식에 대한 안내문입니다. 선택하신 후 퇴식상 위에 놓아 주십시오."	정확한 배식이 되기 위한 질문 시 밝은 미소와 공손한 태도로 질문한다. 식사를 상 위에 살며시 내려놓는다. '내일 점심 식단 선택지'를 눈을 맞추면서 공손하게 준다.
간식을 받는다.	"000님, (치료식의 종류에 따라) 00식사의 간식입니다. 맛있게 드십시오."	간식을 상 위에 살며시 내려놓는다.
퇴식상을 내놓는다.	"맛있게 드셨습니까? 감사합니다." 〈퇴식상을 가져다 줄 때〉 "맛있게 드셨습니까? 가져다 주셔서 감사합니다."	노크를 2번하고 문을 연다. 퇴식상을 들고 병실을 나온다. 공손히 퇴식상을 건네받는다.

표 6-2 **상황별 최적 서비스 응대안의 예**

최적 응대안(행동, 언어, 표정)	금기사항	고객감동 포인트
상황 : 식사가 늦을 때		
"안녕하십니까? 000님 식사가 늦어져서 죄송합니다. 맛있게 드십시오."	식사상을 들고 늦은 이유에 대해서 여러 변명을 늘어 놓는다.	눈을 맞추고 죄송한 표정으로 응대한다. 다음 식사 배식 때 정확한 시간에 배식을 하며, 이전 끼니 식사가 늦었음에 다시 한 번 죄송한 표정으로 응대한다.
상황 : 식사가 누락되었을 때		
"죄송합니다. 잠시 기다려 주시면 확인하여 신속하게 식사를 가져다 드리겠습니다." 〈누락된 식사 배식 시〉 "식사가 늦어져서 죄송합니다. 맛있게 드십시오."	아무런 말없이 식사상을 몰래 두고 나온다. 식사상을 들고 장시간 여러 변명을 늘어 놓는다.	양해와 죄송한 표정으로 응대를 한다. 공손한 태로 식사를 상 위에 내려놓는다.
상황 : 잘못된 식사 또는 다른 고객의 식사가 배식된 경우		
"죄송합니다. 고객님의 식사에 차질이 있었던 것 같습니다. 확인하여 신속하게 교환하여 드리겠습니다."라고 하며, 신속하게 잘못됨을 솔직하게 알리고 정확한 식사를 다시 제공한다.	고객이 모를 것이라고 예측하고 그대로 방치한다. "지금 드시는 식사나 별 차이가 없으니 이번 식사는 드시는 것이 어떤지?" 또는 "지금 배식된 식사에서 00만 빼고 드시면 됩니다."라고 그대로 먹을 것을 강요하는 태도를 보인다.	죄송스러운 표정과 양해를 구하는 태도로 응대한다. 다음 끼니 배식 시 000님에게 잘못했음을 다시 한 번 간단하게 사과한다.

(2) 식사순회 접점분석과 시나리오의 예

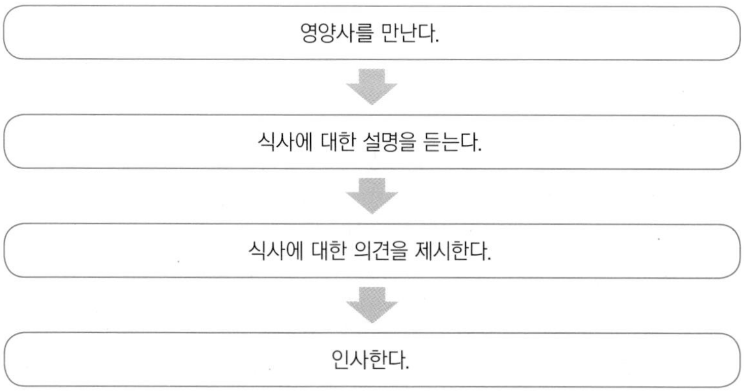

그림 6-2 **영양사 식사순회 시 접점분석**

표 6-3 식사순회 시 접점별 서비스포인트와 시나리오의 예

접점 단계	응대 서비스	서비스 포인트
영양사를 만난다.	"안녕하십니까? 000님의 식사를 관리하고 있는 영양사 000입니다."	노크를 2번 한 후 문을 연다. 밝은 표정으로 인사한다.
식사에 대한 설명을 듣는다.	"현재 드시고 계시는 식사는 0000식사입니다.	눈을 맞추며 밝은 표정으로 말한다.
식사에 대한 의견을 제시한다.	"식사는 맛있게 잘 드셨습니까?" "식사하면서 불편한 점은 없으십니까?" "식사에 대해서 건의 또는 의견이 있으시면 말씀해 주시기 바랍니다."	공손한 말과 행동으로 불편한 점이 있는지 살펴본다.
인사한다.	"좋은 의견 주셔서 감사합니다. 말씀하신 내용들을 식사에 반영하도록 하겠습니다." "그 밖에 다른 의문사항이나 건의사항이 있으시면 영양팀으로 문의하여 주시기 바랍니다. 영양팀 전화번호는 0000번입니다." "빠른 쾌유를 바랍니다."	성의 있는 태도와 정확한 음성으로 응대한다. 목례하고 조용히 돌아서 나온다.

2. 실습

실습 주제 : 급식산업 분야에서 발생할 수 있는 급식서비스 문제점을 분석하고, 그에 대한 응대서비스 매뉴얼을 준비하여 돌발상황에 따른 최적의 응대와 급식만족도를 높인다.

〔**실습 1**〕 단체급식에서 발생할 수 있는 상황에 따라 시나리오를 작성하고 역할연기를 통하여 최적의 응대서비스 방안을 도출한다.

급식현장에서 발생할 수 있는 상황별 실습 주제의 예

구분	상황 예
상황 1	직원식당에서 점심을 먹는데 비빔밥에서 이물질(머리카락)이 혼합되었을 때
상황 2	환자가 맛없고 성의도 없다고 불만을 이야기했을 때
상황 3	식당에서 물컵에 립스틱 자국이 남아 있는 컵과 수저에 이물질이 묻어 있을 때
상황 4	학교식당에서 배식이 지연되고 있을 때
상황 5	고객이 게시된 메뉴와 제공되는 메뉴에 차이가 있다고 불만을 이야기할 때
상황 6	배식 중 고객의 실수로 음식을 엎질렀을 때
상황 7	배식종사자의 불친절한 태도에 고객이 불만을 표현했을 때

팀원과 브레인스토밍을 통한 상황별 시나리오 작성해 보기

제7장

단가에 따른 식단 작성

저단가 급식

1. 이론적 배경

식재료비는 급식시설의 종류, 성격에 따라 정해지는데, 직영인 시설에서는 비영리로 운영되나 가능한 싼 것을 요구하고 있으며, 위탁급식의 경우에는 이윤이 창출되어야 하므로 각 급식소에서는 식단가격 결정에 관심이 커지고 있다. 따라서 성공적으로 급식을 운영하려면 식품재료비의 확보가 우선이며, 이차적으로는 주어진 식재료비를 영양사가 어떻게 조정하느냐에 달려있다고 할 수 있다. 급식대상자의 건강을 지키고 개선시키기 위해 기본적으로 급식대상자의 필요영양량을 만족시키면서 식단가가 조정되어야 한다.

대부분의 단체급식에서는 식단표를 작성하여 식비를 산출하는 방법을 사용하고 있는데, 이것은 한 끼당 혹은 하루 3끼 식비를 산출하는 방법이다. 식단을 작성하여 물가조사에 의한 각 식품의 단가를 식단에 표시된 식품량에 적용하는 것으로 예상단가와 차이가 있을 때는 메뉴 변경 또는 식품을 대치하여 단가를 조절하고 있다. 일반적으로 급식시설에 따라 하루 식사 제공횟수에 차이가 있어 보통 1식을 기준으로 식단가(식재료비)를 산출하고 있다.

각 식품의 단가(100 g당)는 시장조사자료를 활용해 보자(제5장 구매관리 '시장조사' 참조). 식품 품목별로 유리한 시장을 방문하여 직접 시장가격조사를 하는 것이 좋지만, 최근에는 인터넷의 발달로 인해 시장가격조사를 효율적으로 할 수 있으므로 두 가지 방법을 병행하여 활용해 본다.

본 실습에서는 식단가를 저단가, 고단가(프리미엄) 급식으로 구분하고 영양량을 만족시키기 위해 식사구성안 또는 식품교환표를 이용하여 식단 작성을 해본다.

2. 실습

실습 주제 : 다음의 예를 참고로 하여, 식사구성안을 이용하여 주어진 식단가에 따른 식단을 작성하고 음식을 생산한다. 생산된 음식을 검식 후 검식일지를 작성한다.

〔**실습 1**〕 주어진 조건에 따른 식단 작성하기(대상 및 식단가 : 성인 여자, 식단가 1,500~1,800원/식)

1. 대상에 따른 에너지 필요추정량 결정하기

1) 대상 : 성인 여자 20~29세
2) 에너지 필요추정량 : 2,100 kcal (한국인 영양소 섭취기준)

2. 1일 영양소구성

열량	당질	단백질	지방
2,100 kcal	60 (%)	15 (%)	25 (%)
	315 (g)	79 (g)	58 (g)

3. 1일 식품구성과 3식의 배분

1) 식사구성안을 이용한 권장식사패턴의 식사 섭취횟수와 3식의 배분

식품군		곡류	고기·생선·달걀·콩류	채소류	과일류	우유·유제품	유지·당류
1회 분량 수		3	4	8	2	1	4
3식의 배분	아침	1	1	2	1		1
	점심	1	1.5	3		1	1.5
	저녁	1	1.5	3	1		1.5

2) 식품교환표에 의한 1일 식품 교환횟수와 3식의 배분 (당뇨병 식품교환표 활용지침 제3판 기준-대한당뇨병학회)

식품군		곡류군	어육류군			채소군	지방군	우유군		과일군
			저지방	중지방	고지방			일반우유	저지방우유	
교환수		10	2	4	-	7	4	2	-	2
3식의 배분	아침	3	1	1	-	2	1	-		1
	점심	3		2	-	2.5	1.5	1		1
	저녁	4	1	1	-	2.5	1.5	1		-

4. 식사구성안을 이용한 식단 작성의 예

끼니명	음식명	식재료명	식품군별 섭취횟수						1인 기준				(　　)인 기준	
			곡류	고기·생선·달걀·콩류	채소류	과일류	우유·유제품류	유지·당류	순사용량(g)	폐기율(%)	발주량(g)	단가(원)	발주량(g)	식재료비(원)
점심	보리밥	쌀	0.9						81		81	225		
		보리	0.1						9		9	37		
	시금치된장국	시금치			0.7				50	7	54	169		
		콩나물			0.15				10		10	7		
		된장							15		15	40		
		국멸치							5		5	36		
		고춧가루							0.3		0.3	4		
		파							3	16	3.6	4		
		마늘							0.7		0.7	3		
	호박	호박			0.5				35	8	38	119		
		달걀		0.13					8	14	9.5	19		
		밀가루							8		8	7		
		식용유						1	5		5	7		
	오징어무침	오징어		1					60	22	77	237		
		당근			0.07				5	4	5.2	6		
		양배추			0.15				10	8	10.9	12		
		오이			0.15				10	2	10.2	29		
		무			0.15				10	8	10.9	9		
		고추장							5		5	19		
		고춧가루							0.7		0.7	10		
		대파							3	16	3.6	4		
		마늘							0.7		0.7	3		
		식초							2		2	5		
		설탕						0.2	2		2	2		
		볶은 참깨						0.1	0.5		0.5	4		
		참기름						0.1	0.5		0.5	9		
	김치	배추김치			1				40		40	84		
	요구르트						0.5		65		65	103		
	교환단위 합계		1	1.13	2.87	0	0.5	1.4				1214		
	권장섭취횟수(점심)		1	1.5	3	0	1	1.5						
	1일 권장섭취횟수		3	4	8	2	1	4						

(**실습 2**) 효율적인 급식생산을 위한 메뉴별 조리과정을 작성한다(표준레시피 형식을 이용하여 메뉴별 조리과정을 활용할 수 있음). 활용 가능한 조리기구를 조사해 보고, 메뉴별 담당자를 결정하고 조리·생산한다.

1. 식단 조리방법 및 업무분담표

<table>
<tr><th colspan="2">음식명</th><th>조리과정</th><th>활용 조리기구</th><th>업무분담</th></tr>
<tr><td colspan="2">보리밥</td><td>1. 쌀, 보리는 깨끗이 씻어 물에 불린 후 건져 놓는다.
2. 쌀, 보리를 고루 섞어 밥을 짓는다.</td><td>다단식 가스밥솥</td><td>1조</td></tr>
<tr><td rowspan="2">선택메뉴</td><td>시금치된장국</td><td>1. 다량조리에 필요한 양만큼 계량하여 준비한다(200~250 cc/1인 기준).
2. 멸치는 티를 고른 후 끓인다.
3. 시금치와 콩나물을 깨끗이 다듬어 씻고, 시금치는 끓는 물에 데쳐 놓는다.
4. 1에 된장을 잘 풀어 넣고 시금치와 콩나물을 넣는다.</td><td>스팀솥
만능조리기
콤비스팀오븐(데침)</td><td>2조</td></tr>
<tr><td>쇠고기뭇국</td><td>1. 볼에 쇠고기와 쇠고기 양념 재료를 넣어 조물조물 무친다
2. 무는 사방 2cm 크기로 납작하게 썰고, 다시마는 깨끗하게 닦는다.
3. 대파는 어슷하게 썬다.
4. 달군 국솥에 참기름을 두르고 쇠고기를 넣어 볶는다
5. 쇠고기가 익으면 무, 다진 마늘을 넣어 볶다가 계량한 물(200~250 cc/1인 기준)과 다시마를 넣고 한소끔 끓인다. 다시마를 건져 내고 대파를 넣는다.
6. 떠오르는 기름과 거품을 걷어 내고 소금, 재래간장으로 간한다.</td><td>스팀솥
만능 조리기
채소절단기</td><td>2조</td></tr>
<tr><td colspan="2">호박전
(국이 쇠고기뭇국의 경우 시금치나물)</td><td>1. 호박은 얄팍하고 둥글게 썰어 소금을 뿌려놓는다.
2. 달걀은 잘 풀어놓는다.
3. 1에 밀가루를 가볍게 묻히고 달걀옷을 입힌다.
4. 식용유에 노릇노릇하게 지져 낸다.</td><td>채소절단기
그리들(번철)</td><td>3조</td></tr>
<tr><td colspan="2">오징어초무침
(오징어볶음)</td><td>1. 오징어는 잘 다듬어 껍질을 벗기고 칼집을 넣어 살짝 데친 후 썰어놓는다.
2. 당근, 오이, 무도 오징어 크기로 썰어 소금에 살짝 절여 두었다가 꼭 짜 놓는다.
3. 1, 2에 고춧가루, 고추장, 대파, 마늘, 설탕, 식초, 볶은 깨를 넣고 잘 버무려 간을 맞춘 후 참기름을 넣는다.</td><td>콤비스팀오븐(데침)
가스테이블(볶음의 경우)</td><td>4조</td></tr>
<tr><td colspan="2">배추김치</td><td>4 cm 길이로 잘라 배식 전까지 냉장 보관한다.</td><td>냉장고/적온 배식대</td><td>5조</td></tr>
<tr><td colspan="2">요구르트</td><td>배식 전까지 냉장 보관한다.</td><td>냉장고/적온 배식대</td><td>5조</td></tr>
<tr><td colspan="2">배식 준비 및 정리</td><td></td><td></td><td>6조</td></tr>
</table>

[실습 3] 검식 후 검식일지 작성하기

검식표의 예

<table>
<tr><td colspan="3">검식일자</td><td colspan="3">년 월 요일 (끼니명 :)</td></tr>
<tr><td colspan="3">검식자명</td><td colspan="3">(직위)</td></tr>
<tr><td colspan="3">식단명</td><td colspan="3"></td></tr>
<tr><td rowspan="2">주식</td><td colspan="2">농도</td><td>□ 무름</td><td>□ 적절함</td><td>□됨</td></tr>
<tr><td colspan="2">온도</td><td>□ 적합</td><td colspan="2">□ 부적합 (문제점 :)</td></tr>
<tr><td rowspan="6">부식</td><td rowspan="4">조화</td><td>모양</td><td>□ 적합</td><td colspan="2">□ 부적합 (문제점 :)</td></tr>
<tr><td>색</td><td>□ 어울림</td><td>□ 보통</td><td>□ 안 어울림</td></tr>
<tr><td>재료</td><td>□ 어울림</td><td>□ 보통</td><td>□ 안 어울림</td></tr>
<tr><td>분량</td><td>□ 많음</td><td>□ 적당함</td><td>□ 부족함</td></tr>
<tr><td colspan="2">온도</td><td>□ 적합</td><td colspan="2">□ 부적합 (문제점 :)</td></tr>
<tr><td colspan="2">맛</td><td>□ 적합</td><td colspan="2">□ 부적합 (□짜다 □달다 □맵다 □싱겁다)</td></tr>
<tr><td colspan="3">종합평가 및 개선사항</td><td colspan="3"></td></tr>
<tr><td colspan="3">식단 사진 및 주요 조리 장면</td><td colspan="3"></td></tr>
</table>

실습 시 주요 장면과 실습과정을 사진으로 찍어 첨부하세요.

고단가 급식

1. 이론적 배경

중저가 개념의 위탁급식시장이 주류를 형성하고 있는 가운데 최근 고객서비스를 강화하여 만족도를 높인 '프리미엄 급식'이 새로운 시장을 형성하고 있다. 프리미엄 급식은 기존의 똑같은 식판에 정량 배식을 한 음식을 빨리 먹고 나가야 하는, 운영자의 편의에 맞춘 급식에서 이제는 고객에게 선택권을 주고 식사와 쉴 수 있는 공간을 마련하는 급식형태를 말한다. 한 가지 메뉴를 식판에서 배식하는 전통방식을 탈피해 푸드코트식이나 카페테리아식 등으로 운영방식을 다양화한 것이다.

4조 원대로 추산되는 국내 위탁급식시장은 대략 1천여 개 정도의 업체가 학교급식부터 사원급식에 이르기까지 중저가 개념의 급식을 선보이고 있는 것이 현실이다. 그러나 웰빙, 로하스 열풍 등으로 먹거리에 대한 기대치가 높아짐에 따라 앞으로는 급식비가 높아지더라도 기존보다 품질을 고급화시켜 고객만족도를 높인 프리미엄 급식이 대세다. 프리미엄 급식은 일반급식의 객단가가 2,500~3,500원 정도인데 비해 5,000~6,000원으로 비교적 높다.

이에 따라 급식 공간이 단순히 밥만 먹는 곳에서 벗어나 휴식도 취하고 건강까지 챙기는 복합공간으로 탈바꿈하고 있다. 고객들의 취향에 맞는 메뉴를 개발해 제공하거나 레스토랑처럼 즉석에서 요리를 해주는 등 다양한 고객의 욕구를 충족시키고 있다. 특히 급식시장의 절반을 차지하고 있는 대기업들은 이러한 질적 성장에 민감해 레스토랑형, 사업장 맞춤형, 선택메뉴제, 친환경급식 등 프리미엄 급식으로의 전환을 신속하게 진행하고 있는 상황이다.

최근에는 무선 인식과 사물 인터넷Internet Of Things, IOT 단말기 기반의 무인 시스템을 도입하여 줄 설 필요가 없는 단체급식이 운영되고 있다. 예를 들어, 회사 사원증 및 시설 곳곳에 부착된 무인 인식과 정보를 전달하는 스마트 시스템을 이용하여 메뉴를 식판에 놓기만 해도 자동으로 인식되고 결제정보가 곧바로 휴대전화로 전송된다. 급식 공간도 식사 외 회의실, 세미나 및 사교모임 등 다양한 목적으로 사용할 수 있는 가변형의 시설·설비를 도입하여 피급식자의 만족도와 프리미엄 급식 공간 활용도 향상을 도모하고 있다.

따라서 급식관리자는 급변하는 시대적 환경변화에 민감하게 대응하고 급식운영의 목적과 예산에 따라 다양한 형식의 식단구성, 시설·설비, 인력구성과 서비스방법을 결정하고 설계할 수 있어야 한다.

2. 실습

실습 주제 : 현재 운영되고 있는 프리미엄 급식의 운영 형태와 현황을 안다. 식사구성안을 이용하여 고단가의 식단을 작성하고 음식을 생산한다. 생산된 음식을 검식 후 검식일지를 작성한다.

[실습 1] 현재 운영되고 있는 프리미엄 급식을 조사하고, 기존의 일반 단체급식과의 차이점과 특징을 비교 평가하기

〔실습 2〕 주어진 조건에 따른 식단 작성하기(대상 및 식단가 : 성인 여자, 식단가 3,000~3,500원/식)

1. 대상에 따른 에너지 필요추정량 결정하기

1) 대상 : 성인 여자 20~29세

2) 에너지 필요추정량 : 2,100 kcal (한국인 영양소 섭취기준)

2. 1일 영양소구성

열량	당질	단백질	지방
2,100 kcal	60 (%)	15 (%)	25 (%)
	315 (g)	79 (g)	58 (g)

3. 1일 식품구성과 3식의 배분

1) 식사구성안을 이용한 권장식사패턴의 식사 섭취횟수와 3식의 배분

식품군		곡류	고기·생선·달걀·콩류	채소류	과일류	우유·유제품	유지·당류
1회 분량 수		3	4	8	2	1	4
3식의 배분	아침	1	1	2			1
	점심	1	1.5	3	1	1	1.5
	저녁	1	1.5	3	1		1.5

2) 식품교환표에 의한 1일 식품 교환횟수와 3식의 배분(당뇨병 식품교환표 활용지침 제3판 기준-대한당뇨병학회)

식품군		곡류군	어육류군			채소군	지방군	우유군		과일군
			저지방	중지방	고지방			일반우유	저지방우유	
교환수		10	2	4	-	7	4	2	-	2
3식의 배분	아침	3	1	1	-	2	1	-		1
	점심	3		2	-	2.5	1.5	1		1
	저녁	4	1	1	-	2.5	1.5	1		-

4. 식사구성안을 이용한 식단 작성의 예

끼니명	음식명	식재료명	식품군별 섭취횟수						1인 기준				(　　)인 기준	
			곡류	고기·생선·달걀·콩류	채소류	과일류	우유·유제품류	유지·당류	순사용량(g)	폐기율(%)	발주량(g)	단가(원)	발주량(g)	식재료비(원)
점심	흰밥	백미	1						90		90	225		
	북어무 맑은국	북어채		0.3					5		5	75.5		
		무			0.7				50	8	51	41.3		
		쪽파			0.05				3	16	3.6	8.1		
		참기름						0.14	0.7		0.7	12.3		
		마늘							0.5		0.5	2.4		
		후춧가루							0.05		0.05	1.8		
		간장							1		1	1.8		
		소금							1		1	0.8		
	갈비찜	소갈비		1.5				1.5	90		90	1,912		
		감자	0.05						25	6	26.6	23.4		
		밤	0.025						5		5	50.3		
		당근			0.14				10	4	10.4	11.8		
		대추							2.5		2.5	28.1		
		설탕							3		3	3.2		
		마늘							1.5		1.5	7.1		
		대파							3	16	3.6	4.3		
		참기름						0.2	1		1	17.6		
		볶은 참깨						0.12	0.6		0.6	4.7		
		간장							5		5	8.8		
		후춧가루							0.1		0.1	1.3		
	삼색냉채	게맛살		0.4					12		12	41.9		
		오이			0.3				20	2	20.4	58.8		
		당근			0.1				7	4	7.3	8.2		
		달걀		0.1					5	14	5.8	11.6		
		겨잣가루							0.6		0.6	4.8		
		설탕							2.5		2.5	2.7		
		식초							2.5		2.5	1.8		
		물							2.5		2.5			
		깐 마늘							1.4		1.4	6.7		
		소금							0.5		0.5	0.2		
	김치	배추김치			1				40		40	82.8		
	프리미엄 급식 : 샐러드바 및 후식 제공													
	교환단위 합계		1.075	2.3	2.29	0	0	1.96				2,661		
	권장섭취횟수(점심)		1	1.5	3	0	1	1.5						
	1일 권장섭취횟수		3	4	8	2	1	4						

〔**실습 3**〕 효율적인 급식생산을 위한 메뉴별 조리과정을 작성한다(표준레시피 형식을 이용하여 메뉴별 조리과정을 활용할 수 있음). 활용 가능한 조리기구를 조사해 보고, 각 메뉴별 담당자를 결정하고 조리·생산한다.

1. 식단 조리방법 및 업무분담표

음식명	조리과정	활용 조리기구	업무분담
흰밥	1. 쌀은 깨끗이 씻어 물에 불린 후 가열한다.	가스다단식밥솥	2조
북어무맑은국	1. 북어채는 티를 골라 놓고 참기름에 볶는다. 2. 물에 북어머리를 넣고 끓인 후 북어머리를 건져 낸다(북어머리가 있는 경우). 3. 무는 납작썰기로 썬 후 끓는 국물에 무를 넣고 끓이다가 북어채 볶은 것을 넣는다. 4. 국이 끓으면 쪽파, 마늘, 간장, 후춧가루를 넣고 소금으로 간을 맞춘다.	스팀솥 만능 조리기 채소절단기	3조
갈비찜	1. 갈비는 깨끗이 손질한 후 2시간 정도 물에 담가 핏물을 제거한다. 2. 콘보텀 autosteam에서 10분간 예열한다. 3. 소갈비를 스팀팬에 넣고 30분간 데친다. 4. 감자, 당근, 밤은 먹기에 알맞게 썰어놓는다. 5. 분량의 양념재료를 섞어 3, 4에 2시간 이상 재워 둔다. 6. 콘보텀 quick steam 120℃에 10분간 예열한다. 7. 준비된 갈비찜 재료를 팬에 담고 뚜껑을 덮은 후 120℃에 30분간 조리한다(잘 무르지 않으면 조리시간을 연장한다).	콤비스팀오븐	4조
삼색냉채	1. 게맛살은 5 cm 정도로 잘라 손으로 찢어놓는다. 2. 오이와 당근도 5 cm 길이로 채 썰어 살짝 절인 후 가볍게 물기를 제거한다. 3. 계란은 잘 풀어 지단을 부쳐서 식힌 후 채로 썰어 놓는다. 4. 겨자가루는 따뜻한 물에 개어 발효시킨다. 5. 마늘은 곱게 다지고, 겨자가 발효되면 나머지 소스 재료를 섞어 매콤하고 산뜻한 맛으로 만든다. 6. 큰 볼에 전처리한 게맛살, 오이와 당근을 넣고, 겨자소스를 넣어 무친 후 썰어놓은 달걀지단을 넣어 가볍게 섞는다.	채소절단기	5조
배추김치	1. 4 cm 길이로 잘라 준비하고 배식 전까지 냉장 보관한다.		6조

2. 프리미엄 급식 : 샐러드바 및 후식 조리법

끼니명	음식명	식재료명	식품군별 섭취횟수						1인 기준				( )인 기준	
			곡류	고기·생선·달걀·콩류	채소류	과일류	우유·유제품류	유지·당류	순사용량(g)	폐기율(%)	발주량(g)	단가(원)	발주량(g)	식재료비(원)
점심	과일샐러드	사과				0.2			20	14	23			
		바나나				0.2			20	40	33			
		키위				0.1			10	14	14			
		오렌지				0.15			15	40	25			
		셀러리			0.1				7	10	8			
		건포도				0.3			5		5			
		호두		0.2					7					
	요구르트 드레싱	호상 요구르트					0.14		14		14			
		마요네즈						1.4	7		7			
		설탕						0.2	2		2			
		래몬즙							2		2			
	음료	녹차												
		커피												
		둥굴레차												
조리법	1. 사과와 키위는 깍둑썰기하고, 바나나는 둥글썰기로 준비한다. 2. 오렌지는 껍질을 벗겨서 쪽을 낸 후 반으로 잘라 놓는다. 3. 셀러리는 섬유를 벗기고, 둥글썰기하거나, 4 cm 길이로 자른 후 저며 놓는다. 4. 마요네즈, 호상 요구르트, 설탕 및 레몬즙을 섞어 드레싱을 준비한다. 5. 준비한 과일에 건포도, 호두를 넣고 드레싱으로 버무린다.													

〔**실습 4**〕 검식 후 검식일지 작성하기

검식표의 예

<table>
<tr><td colspan="3">검식일자</td><td>년 월 요일 (끼니명 :)</td></tr>
<tr><td colspan="3">검식자명</td><td>(직위)</td></tr>
<tr><td colspan="3">식단명</td><td></td></tr>
<tr><td rowspan="2">주식</td><td colspan="2">농도</td><td>□ 무름 □ 적절함 □됨</td></tr>
<tr><td colspan="2">온도</td><td>□ 적합 □ 부적합 (문제점 :)</td></tr>
<tr><td rowspan="6">부식</td><td rowspan="4">조화</td><td>모양</td><td>□ 적합 □ 부적합 (문제점 :)</td></tr>
<tr><td>색</td><td>□ 어울림 □ 보통 □ 안 어울림</td></tr>
<tr><td>재료</td><td>□ 어울림 □ 보통 □ 안 어울림</td></tr>
<tr><td>분량</td><td>□ 많음 □ 적당함 □ 부족함</td></tr>
<tr><td colspan="2">온도</td><td>□ 적합 □ 부적합 (문제점 :)</td></tr>
<tr><td colspan="2">맛</td><td>□ 적합 □ 부적합 (□짜다 □달다 □맵다 □싱겁다)</td></tr>
<tr><td colspan="3">종합평가 및 개선사항</td><td></td></tr>
<tr><td colspan="3">식단 사진 및 주요 조리 장면</td><td></td></tr>
</table>

실습 시 주요 장면과 실습과정을 사진으로 찍어 첨부하세요.

제8장

단가에 따른 식단 작성과 생산·작업관리

1. 이론적 배경

단체급식에서의 급식생산과정은 가정에서의 조리과정과는 다른 특징을 가지고 있다. 단체급식은 제한된 시간 내에 음식을 생산 완료하여 배식에 차질이 없도록 해야 하며, 생산된 음식의 품질 저하를 예방하기 위한 생산시간의 조절 및 생산성 향상을 위한 적정인력 배치가 필요하다. 따라서 급식관리자는 다음과 같은 급식생산 기본지침을 바탕으로 필요한 지식과 기술을 습득하고 실제 현장에서 적용할 수 있어야 한다.

1) 급식생산의 기본지침

① 가급적 계획된 식단에서 벗어나지 않도록 한다.
② 식품의 신선도와 영양가가 최대한 유지되도록 한다.
③ 완성에서 배식까지의 시간을 최소화한다.
④ 급식대상자의 기대에 부합하도록 노력한다(적온급식 등).

2) 생산 계획 시 필요한 지식과 기술

① 생산될 음식에 대한 정보 및 지식
② 메뉴 생산계획을 위한 인적·기기 자원에 대한 조직 구성력
③ 메뉴 생산을 위한 기준 및 규칙 개발능력
④ 메뉴 생산에 필요한 기술 결정능력
⑤ 생산에 필요한 각종 기기들의 작동방법 인지

3) 생산 계획 수립 시 고려해야 할 사항

① 메뉴 및 표준레시피　② 급식종사원 구성에 따른 작업계획
③ 보유기기 및 설비　④ 시간 제약　⑤ 수요 예측

4) 생산 계획 수립을 위한 작업계획서

작업계획서는 작업일정을 나타낸 표로서 생산될 메뉴와 총배식량, 필요한 batch 크기 및 개수, 작업 책임자, 준비시간, 필요한 기구 등을 내용으로 한다. 작업계획서는 급식생산에 대한 급식관리자와 종사자 간의 의사소통방법이 되며, 생산작업을 효과적으로 수행하는 데 유용하다. 작업에 대한 세부 일정은 작업공정표에 표시한다.

배치쿠킹(batch cooking)에 대해 알아보기

배치쿠킹은 일시에 대량으로 조리하지 않고 고객의 수, 기기의 용량과 배식시간에 맞추어 일정량씩 나누어 조리하는 방법으로 '분산조리'라고도 한다.
예를 들어, 500인분이 필요한 메뉴를 50인분씩 10개로 나누어 준비하였다가 생산된 음식이 소비됨에 따라 미리 나누어 놓은 재료의 분량을 순차적으로 조리하여 많은 분량을 한 번에 조리하여 발생할 수 있는 품질의 저하를 방지하여 급식 대상자에게 양질의 음식을 제공할 수 있다.

작업계획서의 예

작업계획서

_______년 _______월 _______일

각 메뉴의 총준비량 : 500인분
배식시간 : 오전 11시 30분~오후 1시 30분

메뉴	총배식량	필요 batch 크기 및 개수	1인 배식량	작업책임자		준비시간		주요 사용기기
				직위	이름	총 필요시간	시작 시각	
잡곡밥	105 kg	10개/50인분(10.5 kg)	210 g	조리보조원	김OO	2시간	9:20	가스다단식 취사기
김치콩나물국	125 kg	5개/100인분(25 kg)	250 g	조리사	박OO	1시간 30분	9:50	스팀회전식국솥
버섯볶음	35 kg	5개/100인분(7 kg)	70 g	조리사	조OO	1시간 20분	10:00	가스회전솥
삼치구이	25 kg	5개/100인분(5 kg)	50 g	조리보조원	이OO	2시간	9:20	콤비스팀오븐
오이생채	25 kg	5개/100인분(5 kg)	50 g	조리보조원	장OO	1시간 20분	10:00	채소절단기

출처 : 강남이 외, 단체급식, 파워북, 2017

2. 실습

실습 주제 : 제시된 조건에 부합되는 식단을 작성하고, 계획된 식단이 효율적으로 생산되기 위한 작업계획서를 작성한다. 생산된 음식을 검식 후 검식일지를 작성한다.

〔실습 1〕 주어진 조건에 따른 식단 작성하기(대상 및 식단가 : 산업체 중단가급식 2,000~2,500원/식)

1. 대상에 따른 에너지 필요추정량 결정하기

1) 대상 :

2) 에너지 필요추정량 :

2. 1일 영양소 구성

열량	당질	단백질	지방
kcal	(%)	(%)	(%)
	(g)	(g)	(g)

3. 1일 식품구성과 3식의 배분

1) 식사구성안을 이용한 권장식사패턴의 식사 섭취횟수와 3식의 배분

식품군		곡류	고기·생선·달걀·콩류	채소류	과일류	우유·유제품	유지·당류
1회 분량 수							
3식의 배분	아침						
	점심						
	저녁						

2) 식품교환표에 의한 1일 식품 교환횟수와 3식의 배분(당뇨병 식품교환표 활용지침 제3판 기준-대한당뇨병학회)

식품군		곡류군	어육류군			채소군	지방군	우유군		과일군
			저지방	중지방	고지방			일반 우유	저지방 우유	
교환 수										
3식의 배분	아침									
	점심									
	저녁									

4. 식사구성안을 이용한 식단 작성의 예

끼니명	음식명	식재료명	식품군별 섭취횟수						1인 기준				(　　)인 기준	
			곡류	고기·생선·달걀·콩류	채소류	과일류	우유·유제품류	유지·당류	순사용량(g)	폐기율(%)	발주량(g)	단가(원)	발주량(g)	식재료비(원)
	교환단위 합계													
	권장섭취횟수													
	1일 권장섭취횟수													

〔**실습 2**〕 효율적인 급식생산을 위한 메뉴별 조리과정을 작성한다(표준레시피 형식을 이용하여 메뉴별 조리과정을 활용할 수 있음). 활용 가능한 조리기구를 조사해 보고, 각 메뉴별 담당자를 결정하고 조리·생산한다.

식단 조리방법 및 업무분담표 서식의 예

음식명	조리과정	활용 조리기구	업무분담

〔**실습 3**〕 계획된 식단을 기본으로 작업계획서를 작성해 본다.

작업계획서 서식의 예

작업계획서

______년 ______월 ______일

각 메뉴의 총 준비량 : ______인분

배식시간 :

메뉴	총배식량	필요 batch 크기 및 개수	1인 배식량	작업책임자		준비시간		주요 사용기기
				직위	이름	총 필요시간	시작 시각	

출처 : 강남이 외, 단체급식, 파워북, 2017

〔**실습 4**〕 검식 후 검식일지 작성하기

검식표의 예

<table>
<tr><td colspan="3">검식일자</td><td>년 월 요일 (끼니명 :)</td></tr>
<tr><td colspan="3">검식자명</td><td>(직위)</td></tr>
<tr><td colspan="3">식단명</td><td></td></tr>
<tr><td rowspan="2">주식</td><td colspan="2">농도</td><td>□ 무름 □ 적절함 □됨</td></tr>
<tr><td colspan="2">온도</td><td>□ 적합 □ 부적합 (문제점 :)</td></tr>
<tr><td rowspan="6">부식</td><td rowspan="4">조화</td><td>모양</td><td>□ 적합 □ 부적합 (문제점 :)</td></tr>
<tr><td>색</td><td>□ 어울림 □ 보통 □ 안 어울림</td></tr>
<tr><td>재료</td><td>□ 어울림 □ 보통 □ 안 어울림</td></tr>
<tr><td>분량</td><td>□ 많음 □ 적당함 □ 부족함</td></tr>
<tr><td colspan="2">온도</td><td>□ 적합 □ 부적합 (문제점 :)</td></tr>
<tr><td colspan="2">맛</td><td>□ 적합 □ 부적합 (□짜다 □달다 □맵다 □싱겁다)</td></tr>
<tr><td colspan="3">종합평가 및 개선사항</td><td></td></tr>
<tr><td colspan="3">식단 사진 및 주요 조리 장면</td><td></td></tr>
</table>

실습 시 주요 장면과 실습과정을 사진으로 찍어 첨부하세요.

제9장

학교급식 식단 작성과 위생관리(HACCP)

1. 이론적 배경

HACCP 시스템Hazard Analysis and Critical Control Point System은 "식품안전관리인증기준으로 식품의 원재료 생산부터 제조, 가공, 보존, 유통 등 최종소비자가 섭취하기 전까지의 각 단계에서 발생할 우려가 있는 위해요소를 규명하고, 이를 중점적으로 관리하기 위한 중요관리점을 결정하여, 자주적이며 체계적이고 효율적인 관리로 식품의 안전성, 건전성 및 품질을 확보하기 위한 과학적인 위생관리" 기법이다.

HACCP은 기존 식품안전관리인 '후조치'와 달리 원료 및 공정별로 위해요소를 미리 파악하여 중점적으로 관리하도록 하는 '선조치'의 방법이다. 이 장에서는 HACCP 시스템을 학교현장에서 더욱 원활하게 적용할 수 있도록 HACCP 시스템의 도입 배경과 적용방법을 제시하였다.

1) 학교급식에서 HACCP 시스템 도입 배경

(1) 국외 적용 현황

HACCP 시스템은 1960년대 미국 우주비행사용 식품 제조에 Pillsbury사가 참가하여 이러한 시스템으로 우주비행사가 먹을 식량을 안전하게 성공적으로 개발함에 따라 도입되기 시작하였다. 현재 세계적으로 식품안전을 관리하는 도구로 통용되고 있다.

1993년 국제연합식량농업기구Food and Agriculture Organization, FAO와 세계보건기구World Health Organization, WHO의 Codex 식품위생분과위원회에서 각국에 대하여 HACCP 개념을 근거로 한 위생규격기준을 권고하고, 국제표준화기구International Organization for Standardization, ISO에서도 식품의 규격기준으로 같은 제도를 도입함에 따라 미국, 유럽 등 많은 국가가 자국에 수입되는 제품에 대해 같은 방식에 의한 식품 제조를 요구하는 등 그 적용은 점점 확대되고 있다.

(2) 국내 적용 현황

우리나라는 1995년 식품위생법을 개정하여 HACCP 적용을 규정한 이후, 1998년에 축산물 가공처리법에서 HACCP 적용을 규정하여, 현재는 식육가공품, 냉동수산식품, 유가공품 등의 제조·가공업에서 널리 적용하고 있다. 도축장은 2003년 7월까지 의무적으로 적용하고, 집단급식소는 2000년 10월부터 실시하였다. 또한 식품위생법 및 동법 시행규칙 개정에 따라 HACCP 자율적용 체계를 자율적용과 의무적용을 병행하는 체계로 전환하여 추진하였고, 의무적용에 있어 제조업소별 매출액과 종업원 수를 기준으로 확대 적용을 시작하여 현재도 품목이 점차 확대 실시되고 있다.

교육과학기술부는 학교급식의 위생과 안전성 확보를 위하여 1999년에 "학교급식에 HACCP 제도 도입 및 위생관리 시스템 구축"에 관한 특별정책연구를 실시하여 학교급식 HACCP 일반모델을 개발·보급하였다. 2000년에 시·도 교육청별로 3개교씩 선정하여 시범 적용을 통해 문제점을 분석, 수정·보완 과정을 거쳐, 2001년부터는 규모가 큰 학교에서 조리실이 설치된 모든 급식학교에 점진적으로 적용을 확대하였다. 학교급식 위생관리지침서는 2002년 1차 개정판, 2004년 2차 개정판, 2007년 3차 개정판, 2016년 4차 개정판을 발간하여 현재 학교급식 현장에서 사용하고 있다.

학교급식에서 HACCP 시스템을 적용하는 것은 교육청과 학교, 업체가 성장기 학생을 대상으로 하는 학교급식의 위생 및 안전성 확보를 위해 당연히 채택하여야 할 학교단위의 자율적인 위생관리 수단이다.

「학교급식 위생관리지침서(교육부 4차 개정)」에서 제시하는 학교 현장에서의 중요관리점Critical Control point, CCP과 일반관리점control point, CP은 표 9-1과 같다.

표 9-1 학교급식 HACCP의 CCP와 CP 기록지 및 내용

CCP1. 식단 검토	
중요관리점의 개요	• 학교에서 식단 작성 후 식단을 검토하여 급식에 제공하기 부적절한 식단을 파악하여 배제 • 냉장(5℃ 이하) 또는 열장(57℃ 이상) 제공되지 않는 TCS(Time/Temperature Control for Safety) Food 이면서 생식재료 첨가, 뜨거운 음식과 식은 음식 혼합, 생채소와 단백질류나 전분질류가 혼합되는 식단을 파악하여 CCP2에서 공정관리
한계기준	• 학교급식으로 제공하기 부적절한 식단 배제 • CCP2 공정관리가 필요한 식단 파악
관리방안	• 식단작성 후 급식으로 제공하기 부적절한 식단이 없음을 확인하고, 공정관리가 필요한 식품을 파악하여 CCP2에서 관리 • 밥, 국, 김치, 과일, 후식용 가공완제품은 검토 대상에서 제외(단, 볶음밥과 비빔밥처럼 조리 후 공정이 있는 경우는 검토 대상에 포함) • 두 가지 이상의 음식을 섞어 한 음식을 만들어 제공하는 경우 두 가지 이상의 음식으로 나누어 기록 학교급식으로 제공하기 부적절한 식단(예시) - 가열조리 되지 않은 생 동물성식품이 들어간 모든 음식(예 : 굴무생채, 회덮밥, 젓갈비빔밥 등) - 자연독을 함유한 식재료로 만든 음식(예 : 원추리나물 등) - 생산과정에서 미생물 오염과 증식이 많은 식품을 넣은 음식(예 : 새싹비빔밥, 생 해조류무침 등) ※ 가열 등의 공정을 통해 병원성미생물이나 자연독이 제거된 경우는 제공 가능 - 조리시간이나 노동력이 과도하게 소요되어 타 음식의 공정관리에 어려움을 주는 식단(예 : 튀김, 전 등) 중복 제공 자제
모니터링 방법	식단 작성 시, 식단 변경 시 식단 검토
개선조치	안전한 식단으로 변경(변경 시 변경된 식단을 기록지에 기록하고 검토)
기록지 작성시기	월 단위로 식단을 작성한 후 한 번에 해도 되나, 늦어도 발주 전에 수행
기록지 작성요령	• 1단계(식단명 작성) : 식단명 기록 작성대상이 아닌 식단 - 밥, 국, 김치, 과일, 후식용 가공완제품(예 : 호상 요구르트, 주스. 푸딩, 냉동 케이크나 냉동 제빵류 등) - 단, 밥이지만 볶음밥, 비빔밥처럼 조리 후 공정이 있을 때에는 포함

(계속)

기록지 작성요령	- 식단 중 두 가지 이상의 음식을 섞어 한 음식을 만들어 제공하는 경우(예 : 비빔밥, 탕수육 등에는 두 가지 이상의 음식으로 나누어 기록 / 비빔밥은 생채, 숙채로, 탕수육은 돈육 튀김과 탕수 소스로 나누어 기록) • 2단계(1번 문항 : 생 동물성식품이나 자연독을 함유한 식재료 첨가 여부 기록 - '예'에 'ㅇ' 표시한 경우 식단을 변경하고, 변경된 식단을 기록지에 기록·검토 • 3단계(2번 문항) : 5℃ 이하 냉장 또는 57℃ 이상 열장으로 제공하지 못해 시간·온도관리가 필요한지 여부 기록 - 57℃ 이상으로 열장 제공하는 음식은 2항을 '아니오'에 'ㅇ' 표시한 후 작성 종료 • 4단계(2-1, 2-2, 2-3번 문항) : 기록지 2번 문항에서 '예'로 응답한 경우 작성 - 대파, 마늘과 같은 생식재료가 첨가되어 안전을 위해 시간·온도 관리가 필요한지 여부 기록 - 뜨거운 음식과 식은 음식이 혼합되어 장시간 세균 증식에 적합한 온도로 유지되는지 여부 기록 - 생채소와 익힌 단백질류나 전분질류 식품이 혼합되는 음식(예 : 햄샐러드, 감자샐러드)인지 여부 기록 • 5단계 : 2-1, 2-2, 2-3번 문항 중 어느 하나가 '예'에 해당되면 CCP2 관리대상(CCP2 기록관리)

CCP1. 식단 검토

급식일자 : 20 . . . (요일)(중·석)식
작성자 :

식단명										
1. 생 동물성식품이나 자연독을 함유한 학교급식으로 제공하기 부적절한 식단인가?	예	아니오	예	아니오	예	아니오	예	아니오	예	아니오
2. 5℃ 이하(냉장) 또는 57℃ 이상(열장)으로 제공하지 못하는 TCS Food 인가?	예	아니오	예	아니오	예	아니오	예	아니오	예	아니오
2-1. 대파, 마늘과 같은 생식재료가 첨가되는가?	예	아니오	예	아니오	예	아니오	예	아니오	예	아니오
2-2. 뜨거운 음식과 식은 음식이 혼합되는가?	예	아니오	예	아니오	예	아니오	예	아니오	예	아니오
2-3. 생채소와 익힌 단백질류나 전분질류 제품이 혼합되는가? (예 : 햄·감자양상추샐러드)	예	아니오	예	아니오	예	아니오	예	아니오	예	아니오
CCP2 관리대상	예	아니오	예	아니오	예	아니오	예	아니오	예	아니오

한계기준	• 학교급식으로 제공하기 부적절한 식단 배제 • CCP2 공정관리가 필요한 식단 파악
관리방안	• 생 동물성식품 등 급식으로 제공하기 부적절한 식단이 없음을 확인하고, 공정관리가 필요한 식품을 파악하여 CCP2에서 관리
개선조치	• 식단 변경, 조리법 변경

확인자 서명 :
확인일자 : 20 . . . (요일)

(계속)

CCP2. 안전을 위해 시간·온도관리가 필요한 식단의 공정관리	
중요관리점의 개요	• CCP2 관리대상으로 파악된 식단의 조리완료(혼합) 시점이 배식 직전에 이루어지도록 공정관리하여 세균 증식을 억제
한계기준	• 배식 시작 1시간 30분 이내 혼합(배식 직전에 혼합하는 것이 바람직)
관리방안	• CCP1에서 파악된 공정관리가 필요한 식단은 조리담당자에게 혼합시간에 조리하도록 하고, 지정된 시간에 혼합함을 확인
모니터링 방법	• 해당 음식 혼합 시 시간 확인
개선조치	• 정해진 시간에 작업이 수행되지 않은 경우, 조리담당자는 실제로 행한 시간과 사유 기록 • 영양(교)사는 이를 참고로 재발방지 대책 수립
기록지 작성시기	• 기록지의 '공정관리'란까지 일과 시작 전에 작성 • 혼합 시 '공정확인'란을 기록(확인)
기록지 작성요령	• 1단계 : 영양(교)사는 CCP1에서 공정관리 대상으로 파악된 식단명과 조리담당자를 지정하여 기록 • 2단계 : 급식대상별 배식시간을 고려하여 혼합 시작시간과 배식 시작시간 기록 • 3단계 : 계획된 혼합·배식시간에 공정관리가 행해진 경우 '공정확인'란에 'ㅇ' 표시하고, 계획된 시간 및 조리담당자 등 변경 사유 발생 시 해당란에 사유와 실제 혼합시간 기록 • 4단계 : 영양(교)사 또는 조리사는 공정관리를 확인하여 서명하고, 변경사유가 있을 때에는 원인을 파악하여 재발방지 대책 수립

CCP2. 안전을 위해 시간·온도 관리가 필요한 식단의 공정관리

급식일자 : 20 . . . (요일)(중·석)식

식단명	조리담당자 성명	공정관리			공정 확인	변경 시 사유	작성자 서명
		혼합 시작 간		배식 시작시간			

한계기준	• 혼합을 배식 시작 전 1시간 30분 이내에 완료 ※ 배식 직전에 혼합하는 것이 바람직함
관리방안	• CCP1에서 파악된 공정관리가 필요한 식단은 혼합·배식시간과 조리담당자를 지정하여 공정관리가 되도록 함 • 지정된 시간에 혼합·배식 등을 확인
개선조치	• 혼합시간 조정 등

확인자 서명 :
확인일자 : 20 . . . (요일)

(계속)

CCP3. 검수	
중요관리점의 개요	• 검수는 생물학적·화학적·물리적 위해요소의 혼합여부와 냉장·냉동상태로 납품되는 TCS Food의 온도를 확인하여 사용되는 식재료의 안전성을 확보하기 위한 목적으로 수행 • 검수 시 식품의 원산지, 포장상태, 식품온도, 유통기한, 품질상태, 규격(등급) 등 확인
한계기준	• 냉장식품, 전처리된 농산물 10℃ 이하, 생선 및 육류 5℃ 이하, 냉동식품은 냉동상태 유지 • 품질은 "학교급식 식재료의 품질관리기준" 준수 * 냉동 식재료 구매 시 식품위생법에서는 -18℃ 이하로 운반, 검수하여야 하나 실제 이 온도로 운반이 어렵고 이 온도의 제품을 받으면 당일 사용이 어려운 실정이므로 얼어 있으나 완전 해동이 아닌 상태로 배송받는 것이 바람직함 근거 : 식품위생법 시행규칙 [별표 17] 〈개정 2014.12.26.〉 식품접객업영업자 등의 준수사항(제57조 관련) 4. 집단급식소 식품판매업자의 준수사항이다. 냉동식품을 공급할 때에 해당 집단급식소의 영양사 및 조리사가 해동(解凍)을 요청할 경우 해동을 위한 별도의 보관장치를 이용하거나 냉장운반을 할 수 있다. 이 경우 해당 제품이 해동 중이라는 표시, 해동을 요청한 자, 해동 시작시간, 해동한 자 등 해동에 관한 내용을 표시하여야 한다.
관리방안	• 냉장·냉동식품의 온도를 측정하여 기록지에 기록 • 품질상태를 육안검사로 확인 • 포장상태, 유통기한, 녹은 흔적, 이물질 혼입 유무, 이취 등 확인, 기준 이탈 시 반품 여부와 개선조치 사항을 기록지에 기록 • 가공식품은 적법한 상표 부착 및 유통기한을 확인(무표시 상품, 즉석제조판매식품 사용 불가). • 월 1회 이상 운반차량 내부의 청결상태를 확인
모니터링 방법	• 표면온도계로 식품 온도 측정, 품질과 규격은 육안검사로 수행
개선조치	• 문제 있는 식재료가 있거나 온도가 기준을 초과할 때 반품 혹은 경고 조치(부적합 확인서 발급)
기록지 작성자와 작성시기	• 검수담당자(복수 검수 시 검수자 모두 표시)
기록지 작성요령	• 검수 시 냉장·냉동식품 등 온도 측정 기록 - 냉장식품, 전처리된 농산물 : 10℃ 이하 - 생선 및 육류 : 5℃ 이하 - 냉동식품 : 냉동상태를 유지 ※ 가공식품의 경우 원재료의 추적관리가 되지 않는 학교에서는 업체군 항목에 가공업체명을 기록 • 표면온도계 사용설명서 잘 읽고 사용법 준수와 주기적 검교정 실시할 것 • 녹았던 흔적 추정법 - 골판지 포장식품 : 골판지 상자가 젖은 채 얼어 있는 경우 - 냉동튀김류, 만두류 : 개체들이 붙어서 얼어 있는 경우 ※ 육류, 어패류, 채소류 등의 신선식품은 당일 구입·사용을 원칙으로 하되 냉장 용량이 충분하고 냉장고(실)에 온도 유지가 확인되는 경우(예 : 온도기록장치 등)에 한하여 전일 검수 가능(전일 오후 식자재 납품 받아 검수, 전처리, 냉장·냉동 보관 후 퇴근) ※ 검수 후 보관 시 주의사항 : 제품에 표시된 보관조건을 확인하여 조건에 맞게 상온, 냉장, 냉동 저장

(계속)

CCP3. 검수

급식일자 : 20 . . . (요일)(중·석)식

아래와 같이 검수합니다. 검수일자 : 년 월 일 검 수 자 : (인) 학교장 귀하	결재				

No	식품명	규격(등급)	단위	수량	원산지	포장상태	식품온도(℃)	유통기한(제조일)	품질상태(○, ×)	업체군	조치사항

한계기준	• 냉장식품 및 전처리 농산물 10℃, 생선 및 육류 5℃ 이하, 냉동식품 냉동상태 유지
관리방안	• 냉장·냉동식품의 온도를 측정, 기록지에 기록 • 포장상태, 유통기한, 품질상태(녹은 흔적, 이물질 혼입 유무, 이취 등) 확인 • 월 1회 이상 운반차량 내부의 청결상태를 확인
개선조치	• 기준 초과 재료 반품 및 교환, 부적합 확인서 발급

(계속)

CCP4A. 식품 취급 및 조리과정(장소 구분이 될 경우)	
중요관리점의 개요	• 전처리실이 조리실과 분리되어 있거나 전처리 작업대가 확실히 분리되는 경우, 정해진 장소에서 구분된 도구(도마, 칼, 용기 등)를 사용하여 작업을 행하여 생(生)식재료로부터 조리된 음식으로의 미생물 오염을 차단 • 식재료 속의 식중독균의 영양세포와 바이러스를 사멸시킬 수 있는 온도로 가열조리를 수행 • 재배, 수확, 유통 시 오염되어 있는 채소와 과일 표면의 이물질들과 미생물을 감소시키기 위해 적절한 방법으로 세척, 소독, 헹굼을 실시
한계기준	• 장소와 기물 구분 준수 • 식품중심온도 75℃ (패류 85℃) 1분 이상 가열 조리 • 염소 농도 100 ppm 5분 침지 혹은 이와 동등한 소독효과를 가진 살균소독제를 용법에 따라 사용 후 먹는 물로 헹굼
관리방안	• 식재료 전처리작업과 조리작업이 공간적으로 분리된 곳에서 행해지는지 확인 • 칼, 도마, 식품취급 용기도 식재료별 전처리용과 조리용으로 구분 사용하는지 확인 • 식품 취급 시에는 소독된 도구나 소독된 고무장갑, 일회용 고무장갑(라텍스) 사용(일회용 비닐 위생장갑은 사용금지) • 가열조리식품은 기준 온도 이상 가열되었음을 온도계로 식품중심온도 확인(밥, 국과 같이 끓이는 음식은 온도계 사용 불필요) • 작거나 얇은 식품(예 : 멸치)은 탐침온도계 사용이 어렵기 때문에 표면 온도계를 사용하여 온도를 측정 • 가공완제품(예 : 달걀말이, 족발 등)은 가열조리와 동일한 조건으로 재가열 • 소독제가 표면에 고르게 닿을 수 있도록 포기채소(예 : 양배추)는 잎을 분리하여 세척·소독 • 소독제에 침지 시 물 위로 떠올라 소독되지 않는 부분이 없도록 눌러둠 • 소독한 채소, 과일은 소독제 냄새가 나지 않을 때까지 먹는 물로 헹굼 • 부득이하게 소독제를 반복 사용할 경우 다음 채소와 과일을 담그기 전에 소독제 희석농도 확인 • 생으로 먹는 채소와 과일은 소독 실시
모니터링 방법	• 장소 구분 육안 확인 • 도구 구분 준수 여부 확인 • 소독된 탐침온도계로 음식중심온도 측정(작거나 얇은 음식은 표면온도계 사용 가능) • 육안검사(세척 채소 청결 여부 확인), 소독제 희석농도는 test paper나 농도측정기의 색 변화로 확인
개선조치	• 장소나 칼, 도마, 장갑 등의 도구가 구분되지 않았을 때 구분 사용하도록 조치(오염이 우려되는 조리식품은 75℃ (패류 85℃) 1분 이상으로 재가열 혹은 폐기) • 조리온도가 낮을 때에는 계속 가열하여 기준 온도 이상이 되도록 조리 • 식재료 세척 후 육안검사로 청결상태가 불량한 경우는 재세척을 실시하며, 소독제 희석농도를 검사하여 농도가 낮은 경우는 농도 조절
기록지 작성시기	• 취급장소 구분 및 도구 구분 사용 여부는 전처리 및 조리 종료 후에 기록 • 소독제 농도검사를 실시하고 소독 후에 기록 • 가열조리식품의 중심온도는 조리 종료 후에 기록
기록지 작성요령	• 밥, 국을 포함한 모든 음식을 기록(밥, 국과 같이 끓이는 음식은 온도 측정 제외) • 식재료별 취급 및 조리방법과 취급장소, 칼·도마, 장갑, 용기의 구분 사용 여부를 전처리·조리작업 종료 후 기록 • 가열조리 시 온도와 시간이 적절한지 확인한 후 'o' 표시하고, 온도가 낮을 경우 계속 가열하여 기준 온도·시간 이상이 되었음을 확인 • 57℃ 이상 열장 유지가 어려운 학교는 가열조리 완료시간을 숙지했다가 CCP5 기록지 작성 시 기록 • 한계기준을 초과한 경우 개선조치를 취하고 그 내용을 개선조치 기록란에 기록 ※ 전처리실과 조리실용을 별도로 출력하여 사용할 수 있다.

(계속)

CCP 4A. 식품 취급 및 조리과정(장소 구분이 될 경우)

급식일자 : 20 . . . (요일)(중·석)식

식단명	식재료명	취급 및 조리방법	취급장소		식품중심 온도 확인 ○표		교차오염 방지(구분 사용) ○, ×표			작성자 서명
			전처리실	조리실			칼·도마	장갑	용기	
개선조치 기록										

	장소·도구	가열조리온도	채소·과일 소독
한계기준	• 장소 구분, 도구 구분	• 식품중심온도 75℃ (패류 85℃) 1분 이상	• 염소농도 100 ppm 5분간 침지 혹은 이와 동등한 소독효과를 가진 살균소독제의 용법 준수
관리방안	• 전처리, 조리작업 공간 분리 • 식재료별, 조리 전·후별 도구 구분	• 기준온도 이상 가열 • 가공완제품 재가열	• test paper, 농도 측정기 등으로 소독제 희석농도 확인 • 생으로 먹는 채소와 과일류 소독
개선조치	• 장소 변경, 도구 변경 • 오염식품 재가열 혹은 폐기	• 계속 가열	• 소독제 희석농도 조정

확인자 서명 :
확인일자 : 20 . . . (요일)

(계속)

CCP4B. 식품 취급 및 조리과정(장소 구분이 안 되는 경우)	
중요관리점의 개요	• 작업대는 식재료 전처리작업을 모두 수행한 다음 세척·소독 후에 조리 후 식품을 취급 • 도구(도마, 칼, 고무장갑, 용기 등)는 구분 사용하여 생식재료로부터 조리된 음식으로의 미생물 오염 차단 • 식재료 속의 식중독균의 영양세포와 바이러스를 사멸시킬 수 있도록 가열조리 수행 • 재배, 수확, 유통 시 오염되어 있는 채소와 과일 표면의 이물질들과 미생물을 감소시키기 위해 적절한 방법으로 세척, 소독, 헹굼 실시
한계기준	• 전처리와 조리 사이에 작업대 세척·소독 실시 및 도구 구분 사용 • 식품 중심온도 75℃ (패류 85℃) 1분 이상 가열조리 • 염소농도 100 ppm 5분 침지 혹은 이와 동등한 효과를 가진 살균소독제를 용법에 따라 사용 후 먹는 물로 헹굼
관리방안	• 식재료 전처리작업과 조리작업은 작업대 세척·소독 후 행해지는지를 확인 • 칼, 도마, 고무장갑, 식품 취급 용기 등 도구는 식재료별 전처리용과 조리용으로 구분 사용하는지 확인 • 식품 취급 시에는 소독된 도구나 소독된 고무장갑, 일회용 고무장갑(라텍스)을 사용(일회용 비닐 위생장갑은 사용하지 않음) • 가열조리식품은 소독된 전자식 탐침온도계로 식품중심온도를 측정하고, 75℃(패류 85℃) 1분 이상 가열(밥, 국과 같이 끓이는 음식은 온도계 사용이 불필요) • 작거나 얇은 식품(예 : 멸치)은 탐침온도계 사용이 어렵기 때문에 표면온도계를 사용하여 온도를 측정 • 가공완제품(예 : 달걀말이, 족발 등)은 가열조리와 동일한 조건으로 재가열 • 소독제가 표면에 고르게 닿을 수 있도록 포기채소(예 : 양배추)는 잎을 분리하여 세척 소독 • 소독제에 침지 시 물 위로 떠올라 소독되지 않는 부분이 없도록 눌러둠 • 소독한 채소, 과일은 소독제 냄새가 나지 않을 때까지 먹는 물로 헹굼 • 부득이하게 소독제를 반복 사용할 경우 다음 채소와 과일을 담그기 전에 소독제 희석농도 확인 • 생으로 먹는 채소와 과일은 소독 실시
모니터링 방법	• 전처리 종료 후 작업대 세척·소독을 실시하고 조리를 시작하는지 육안 확인 • 도구 구분 준수 여부 확인 • 소독된 탐침온도계로 음식중심온도 측정(작거나 얇은 음식은 표면온도계 사용 가능) • 육안검사(세척 채소 청결 여부 확인), 소독제 희석농도는 test paper나 농도측정기의 색 변화로 확인
개선조치	• 조리 중 추가 전처리 시 오염을 일으키지 않도록 수행하고, 필요 시 주변 세척·소독 • 작업대의 세척·소독이 지켜지지 않았을 때와 조리도구(칼, 도마, 장갑 등)가 구분되지 않았을 때 구분 사용하도록 조치(오염이 우려되는 조리된 식품은 75℃ (패류 85℃) 1분 이상으로 재가열 혹은 폐기) • 조리온도가 낮을 때에는 계속 가열하여 기준온도 이상이 되도록 조리 • 식재료 세척 후 육안검사로 청결상태가 불량한 경우는 재세척을 실시하며, 소독제 희석농도를 검사하여 농도가 낮은 경우는 농도 조절
기록지 작성시기	• 전처리 완료 후, 조리 시작 시, 조리작업 종료 직후에 기록 • 소독제 농도검사를 실시하고 소독 후에 기록 • 가열조리식품의 중심온도는 조리 종료 후에 기록
기록지 작성요령	• 밥, 국을 포함한 모든 음식을 기록(밥, 국과 같이 끓이는 음식은 온도 측정 제외) • 식재료별로 취급 및 조리방법, 칼·도마, 장갑, 용기의 구분 사용 여부, 작업대 세척·소독 후 식품 취급 여부 확인 기록 • 가열조리 시 온도와 시간이 적절한지 확인한 후 'ㅇ' 표시하고, 온도가 낮을 경우 계속 가열하여 기준 온도 시간 이상이 되었음을 확인 • 한계기준을 초과한 경우 개선조치를 취하고 그 내용을 개선조치 기록란에 기록

(계속)

CCP4B. 식품 취급 및 조리과정(장소 구분이 안 되는 경우)

급식일자 : 20 . . . (요일)(중·석)식

구분		취급 및 조리방법	전처리 완료/조리 시작시간	식품중심 온도 확인 (○표)	소독제 농도 시간 확인	교차오염 방지(구분 사용) ○, ×표			작성자 서명
						칼·도마	장갑	용기	
전처리									
조리									
개선조치 기록									

	장소·도구	가열조리온도	채소·과일 소독
한계기준	• 전처리 종료와 조리 시작 사이 작업대 세척·소독 • 도구 구분	• 식품중심온도 75℃(패류 85℃) 1분 이상	• 염소농도 100 ppm 5분간 침지 혹은 이와 동등한 효과를 가진 살균소독제의 용법 준수
관리방안	• 육안 관찰 • 식재료별, 조리 전·후별 도구 구분	• 기준온도 이상 가열 • 가공완제품 재가열	• test paper, 농도 측정기 등으로 소독제 희석농도 확인 • 생으로 먹는 채소와 과일류 소독
개선조치	• 작업대 세척·소독 • 도구 변경 • 오염식품 재가열 폐기	• 계속 가열	• 소독제 희석농도 조정

*배식대 및 배식 전용도구는 세척, 소독, 건조된 것 사용

확인자 서명 :

확인일자 : 20 . . . (요일)

(계속)

CCP5A. 운반 및 배식 과정(단독조리 : 식당 배식)	
중요관리점의 개요	• 밥, 국을 포함한 열장음식은 배식완료까지 57℃ 이상으로 유지 • 여건상 열장 온도를 유지할 수 없을 때에는 가열 조리 완료시점에서 배식 완료까지의 소요시간을 2시간 이내로 관리하여 미생물 증식 방지 • 배식기구는 적절한 방법으로 세척·소독·건조된 것 사용
한계기준	• 열장음식 57℃ 이상 유지, 혹은 2시간 이내 배식
관리방안	• 열장음식은 적온(57℃ 이상)이 잘 유지되도록 보온하여 배식하거나, 57℃ 이상 유지가 어려운 경우는 조리 완료 후 2시간 이내에 배식완료 • 배식통(vat)에 남은 음식을 새로운 배식통에 부어 배식 금지 • 배식대 및 배식 전용도구는 세척·소독·건조된 것 사용
모니터링 방법	• 열장음식 배식 완료 시 온도 및 가열 조리 후 경과 시간 확인(온도 및 시간 측정) • 배식 도구 청결 및 위생복장 착용상태 등 확인
개선조치	• 음식온도가 57℃ 이상 유지되지 않을 경우에는 보온 설비의 온도 조절(고장 시 수리) • 2시간 초과 시 시간 단축이 어려운 경우 오븐과 같은 대량 조리기구를 확보하여 조리 시간 단축과 보온·보냉 배식대 등 설비 구비 • 배식통 등 용기 및 배식과정의 위생 관리가 되지 않아 오염이 우려되는 음식은 재 가열하거나 폐기
기록지 작성시기	• 배식 완료 시 온도 시간 확인 및 배식 위생관리상태 확인·기록 • 식당배식과 교실 배식을 병행할 경우 CCP5A와 CCP5B 작성
기록지 작성요령	• 열장 음식 중 57℃ 이상이 유지되는 경우는 온도만 기록, 57℃ 이상 유지가 어려운 경우는 조리완료와 배식 완료시간 및 온도를 기록하고 2시간 이내에 배식이 완료되는지 확인 ※ 전, 튀김 등 장시간 반복 생산 하는 음식은 조리 완료시간을 첫 음식 조리완료 시간부터 마지막 음식 조리 완료 시간의 범위(예: 닭고기 튀김 9시 40분~11시 55분)로 기록해야 함 • 배식도구 청결도, 위생복장 등 착용상태, 배식통 관리상태를 확인·기록 • 한계 기준을 초과한 경우 개선조치를 취하고 그 내용을 개선조치 기록란에 기록

(계속)

CCP5A. 운반 및 배식 과정(단독조리 : 식당배식)

급식일자 : 20 . . . (요일)(중·석)식

음식명	조리완료	배식 완료			배식도구 청결도	위생복장 등 착용	배식통 관리	작성자 서명
	시간	시간	온도(℃)	2시간 이내				
	:	:						
	:	:						
	:	:						
	:	:						
	:	:						
	:	:						
	:	:						
	:	:						
	:	:						
	:	:						
	:	:						
	:	:						
	:	:						
	:	:						
	:	:						
개선조치 기록								

한계기준	• 열장음식 57℃ 이상 유지 혹은 2시간 이내 배식 완료	• 배식 시 오염 방지
관리방안	• 열장음식의 적온(57℃ 이상) 유지 또는 가열조리부터 배식 완료까지 2시간 이내로 공정관리	• 배식하던 배식통(vat)에 남은 음식과 새로운 배식통의 음식 혼합 금지
개선조치	• 오븐 또는 열장 설비 확보	• 오염음식 재가열 혹은 폐기

확인자 서명 :

확인일자 : 20 . . . (요일)

(계속)

CCP5B. 운반 및 배식 과정(단독조리 : 교실배식)	
중요관리점의 개요	• 교실에서 배식하는 경우 밥, 국을 포함한 열장음식은 57℃ 이상으로 보온 유지가 어려우므로 조리 완료 시점부터 배식 완료 시까지의 시간을 2시간 이내로 관리 • 배식도구는 적절한 방법으로 세척, 소독, 건조된 것 사용 • 배식을 돕는 학생 등 배식도우미들의 위생상태 및 복장을 확인하여 오염 최소화
한계기준	• 조리 완료 후 2시간 이내 배식
관리방안	• 조리 완료 후 최대 2시간 이내에 배식을 완료할 수 있도록 조리 완료시간 조정 • 배식대 및 배식 전용도구는 세척, 소독, 건조된 것 등 사용, 배식 도우미는 깨끗한 앞치마, 위생모, 위생마스크, 위생장갑 등 착용 • 배식용 운반기구(배식차, 승강기 등)는 사용 후 바로 세척·소독하여 청결 유지
모니터링 방법	• 배식 완료시간을 기준으로 2시간 이내에 조리 완료가 되는지 확인(시간 측정) • 배식을 돕는 학생 등 배식도우미, 배식기구의 위생상태 확인
개선조치	• 조리 완료 후 배식 완료 시까지 2시간을 초과할 경우, 조리완료 시간 단축 • 위생복장 미착용 및 위생관리가 제대로 이행되지 않을 때는 현장 시정 및 교육을 실시하고, 오염이 우려되는 음식은 재가열 혹은 폐기
기록지 작성시기	• 조리 완료시간 확인 및 배식 위생관리 상태 확인·기록 • 식당 배식과 교실 배식을 병행할 경우 CCP5A와 CCP5B 작성
기록지 작성요령	• 조리 완료와 배식 완료시간을 기록하고 2시간 이내에 배식이 완료되는지 확인 • 교실을 방문하여 배식도구 청결도 및 배식 도우미들의 위생복장 등 착용상태 확인 • 한계기준을 초과한 경우 개선조치를 취하고 그 내용을 개선조치 기록란에 기록

(계속)

CCP5B. 운반 및 배식 과정(단독조리 : 교실배식)

급식일자 : 20 . . . (요일)(중·석)식

음식명	급식 소요시간			배식도구 청결도	배식도우미 위생복장	확인 장소 (학/반)	작성자 서명
	조리 완료	배식 완료	2시간 이내				
	:	:					
	:	:					
	:	:					
	:	:					
	:	:					
	:	:					
	:	:					
	:	:					
	:	:					
	:	:					
	:	:					
	:	:					
	:	:					
개선조치 기록							

한계기준	• 배식 완료 2시간 이전에 조리 완료	• 배식 시 오염 방지
관리방안	• 공정관리를 통해 조리 완료시간 조정	• 배식대 및 배식 전용도구는 세척·소독하여 건조된 것 사용 • 배식도우미는 깨끗한 앞치마, 위생모, 위생마스크, 위생장갑 착용
개선조치	• 공정관리	• 오염음식 교체 • 식당 공간 확보

확인자 서명 :

확인일자 : 20 . . . (요일)

(계속)

CCP5C. 운반 및 배식 과정(공동조리)	
중요관리점의 개요	• 밥, 국을 포함한 열장음식은 배식 완료까지 57℃ 이상으로 유지하거나 여건상 열장온도를 유지할 수 없을 때에는 가열조리 완료시점에서 배식 완료까지의 소요시간을 2시간 이내로 관리하여 미생물 증식 방지 • 급식품을 수송하는 운반차량은 깨끗하고 식품용기가 밀폐되어 운반 도중 오염 방지 및 보온 온도 유지 • 배식도구는 세척, 소독, 건조된 것 사용
한계기준	• 열장음식 57℃ 이상 유지 혹은 2시간 이내 배식 • 운반과 배식 시 오염 방지
관리방안	• 열장음식은 운반차량 상차 시 온도와 배식 완료까지의 온도가 57℃ 이상 유지되는지 여부 확인 • 급식품 운반차량의 내부 청결상태 및 운반용기의 밀폐성 확인 • 배식대 및 배식 전용도구는 세척, 소독, 건조된 것 사용
모니터링 방법	• 음식온도 측정 : 조리교에서 열장음식 담을 때, 비조리교에서 열장음식 배식 시 • 차량의 청결상태 확인 : 조리교 • 운반용기의 밀폐상태 확인 : 비조리교에서 수령 시 • 배식도구의 청결상태 확인 : 비조리교에서 배식 시
개선조치	• 비조리교에서 배식 완료까지 열장음식 온도가 57℃ 이상으로 측정되지 않으면 조리교에서 용기에 담을 때 더 높은 온도로 담거나 보온성이 더 양호한 운반용기로 교체 • 57℃ 이상 유지되지 않는 음식은 조리 완료 후 2시간 이내에 배식 완료(TCS Food는 조리 완료시점에서 배식 시작 1시간 30분 이내) • 급식품 운반차량 내·외부 청소를 철저히 실시하고 용기가 밀폐되지 않으면 밀폐되는 운반용기로 교체 • 청결하지 못한 배식도구는 세척 소독 후 사용
기록지 작성시기	• 조리교 : 조리 완료시간 및 상차온도, 차량 내부 청결상태 • 비조리교 : 배식 완료시간 및 배식온도, 배식도구 청결상태, 운반용기 밀폐상태, 배식담당 위생복장
기록지 작성요령	• 열장음식을 비조리교에 보내기 위해 용기에 담을 때 음식온도를 측정 기록 • 비조리교에서 급식품 하차 시 운반용기 밀폐 상태 확인 • 비조리교에서 배식 완료 시 열장식품의 온도를 측정 기록(57℃ 이하이면 해당 음식의 조리완료 시간 기록) • 한계기준을 초과한 경우 개선조치를 취하고 그 내용을 개선조치 기록란에 기록 ※ 배식 시 열장음식의 온도가 57℃ 이상이면 시간 확인은 불필요함

(계속)

CCP5C. 운반 및 배식 과정(공동조리)

급식일자 : 20　　.　　.　　.(　　요일)(중·석)식

음식명	열장식품 시간·온도확인				차량내부 청결상태	배식도구 청결상태	운반용기 밀폐상태	배식담당 위생복장	작성자 서명
	조리 완료	상차온도	배식 완료	배식온도					
	:	℃	:	℃					
	:	℃	:	℃					
	:	℃	:	℃					
	:	℃	:	℃					
	:	℃	:	℃					
	:	℃	:	℃					
	:	℃	:	℃					
	:	℃	:	℃					
	:	℃	:	℃					
	:	℃	:	℃					
	:	℃	:	℃					
	:	℃	:	℃					
	:	℃	:	℃					
	:	℃	:	℃					
	:	℃	:	℃					
개선조치 기록									

한계기준	• 열장음식 57℃ 이상 유지 혹은 2시간 이내 배식완료	• 운반용기의 밀폐
관리방안	• 열장음식의 적온(57℃ 이상) 유지 또는 가열조리부터 배식 완료까지 2시간 이내로 공정관리	• 급식품 운반용기의 밀폐성 확인
개선조치	• 상차 시 온도 조정 혹은 공정관리	• 운반용기 개선

확인자 서명 :

확인일자 : 20　　.　　.　　.(　　요일)

(계속)

CP1. 냉장·냉동고(실) 온도관리	
일반관리점의 개요	• 냉장·냉동 보관 중인 식재료나 음식의 냉장·냉동온도가 잘 유지되어 미생물 증식과 품질상의 변화 예방 • 냉장·냉동고(실)를 기준온도 이하로 유지되도록 관리 • 학교급식 식재료나 음식은 냉장 보관하는 시간이 짧으므로 CP로 관리
관리기준	• 냉장고(실) 내부온도 5℃ 이하, 냉동고(실) 내부온도 -18℃ 이하
관리방안	• 냉장·냉동고(실) 문을 장시간 열지 않은 때 온도 확인(중식 제공 : 하루 2회, 2식 이상 제공 : 하루 3회) • 조리장 내의 모든 냉장·냉동고(실) 온도 확인 및 작성 ☞ 참고사항 • 식재료와 조리된 음식의 냉장고(실) 내 분리저장 여부 점검·확인 • 냉장·냉동고(실) 내에 들어 있는 식품의 포장상태나 오염 방지 여부 확인 • 냉장제품은 냉장고(실)에 냉동제품은 냉동고(실)에 보관 • 냉장·냉동고(실)에 유통기한 초과 및 급식외품 보관 여부 확인 • 냉장·냉동고(실)의 온도계는 검·교정이 가능한 외부 부착용 디지털온도계를 사용(0.1℃ 단위로 읽을 수 있는 온도계)하고 내부에서 온도가 가장 높은 곳에 고정
개선조치	• 온도가 기준을 벗어난 경우 온도조절기를 사용하여 온도를 조정해야 하며, 기록지에 개선조치 내용 기록 • 고장인 경우 보관된 냉장식품이 10℃ 이하이거나 냉동식품이 아직 얼어 있으면 다른 냉장·냉동고(실)에 옮겨 보관하고, 냉동식품이 녹았으나 10℃ 이하이면 즉시 사용하도록 하며, 냉장·냉동식품이 10℃ 이상이면 식품 폐기('고장' 표식을 부착하고 즉시 수리 의뢰)
기록지 작성시기	• 중식만 제공 : 하루 2회(출근 직후, 배식 후 청소 직전 또는 퇴근 전) • 2식 이상 제공 : 하루 3회(출근 직후, 중식 후, 석식 배식 후 청소 직전 또는 퇴근 전)
기록지 작성요령	• 냉장·냉동고(실) 문을 장시간 열지 않았을 때 외부 부착된 온도계의 온도를 기록 • 온도 기록 시 온도계의 숫자를 반올림 하지 말고 그대로 기록 • 온도 확인 후 냉장·냉동고(실)의 문을 열고 청결도, 보관음식의 덮개 확인, 생식재와 조리된 음식의 적정 분리 보관 여부를 확인하고 서명 • 관리기준을 초과한 경우 개선조치를 취하고 개선조치 내용 기록

(계속)

CP1. 냉장·냉동고(실) 온도관리

요일(일자)	확인시간	온도(℃)		청결도 확인	덮개 확인	분리 보관 여부	작성자 서명
		냉장고(실)	냉동고(실)				
월 (/)	AM						
	PM						
	PM						
화 (/)	AM						
	PM						
	PM						
수 (/)	AM						
	PM						
	PM						
목 (/)	AM						
	PM						
	PM						
금 (/)	AM						
	PM						
	PM						
토 (/)	AM						
	PM						
	PM						
개선조치 기록							

관리기준	• 냉장고(실) : 5℃, 냉동고(실) : -18℃ 이하
관리방안	• 조리장 내의 모든 냉장·냉동고(실) 온도 확인 및 작성 • 문을 장시간 열지 않았을 때 외부 부착 온도계로 온도 확인 • 중식만 제공 시 : 하루 2회(출근 직후, 배식 후 청소 직전 또는 퇴근 전) • 2식 이상 제공 시 : 하루 3회 (출근 직후, 중식 후, 석식 배식 후 청소 직전 또는 퇴근 전)
개선조치	• 냉장·냉동고(실) 온도 보정, 고장 시 수리 의뢰 • 식품 이동 또는 폐기

확인자 서명 :

확인일자 : 20 . . . (요일)

(계속)

CP2. 식품 접촉 표면 세척과 소독	
일반관리점의 개요	• 식품이 접촉하는 조리기구, 식판 등에 대한 적절한 세척과 소독작업 수행 근거 식품위생법 시행규칙 [별표 24] 〈개정 2011.8.19〉 집단급식소의 설치·운영자의 준수사항(제95조제2항 관련) 1. 물수건, 숟가락, 젓가락, 식기, 찬기, 도마, 칼 및 행주, 그 밖에 주방용구는 기구 등의 살균·소독제 또는 열탕의 방법으로 소독한 것을 사용하여야 한다. • 세척기가 있는 학교에서는 세척기를 통과한 식판이 소독되는지 확인하고, 세척기가 없는 학교에서는 수작업으로 식판 세척 후 적절한 방법으로 소독하거나 전기 식기소독고에 넣어 소독 ※ 온수보일러나 스팀보일러 성능상의 문제로 세척기로 식판 소독이 안 되는 경우 전기 식기소독고에 넣어 소독·건조 • 수작업으로 세척하는 기구·기물류는 정해진 세척과정에 따라 세척 후 소독·건조
관리기준	• 식판 표면 71℃ 이상, 수작업 소독 시 소독제 용법·용량 준수 • 식판 및 기구·기물류 표면에 세제 불검출
관리 방안	• 세척기 작동 시 작동 설명서대로 온수 온도가 유지되고 식판이 살균(71℃ thermolabel을 사용)되는지, 세척 상태가 양호한지 육안 확인 • 세척된 식판은 전기 식기소독고에 넣어 설정된 가열온도와 시간에 식판 표면이 살균되는지를 71℃ thermolabel을 사용하여 확인 • 수작업 소독 시 용도에 맞는 "기구등의 살균소독제"를 용법에 맞게 사용 • 식판 표면에서 잔류세제가 검출될 경우 다시 헹궈주고, 세척기 A/S를 요청하여 세제량 조절
모니터링 방법	• 세척기 작동 시작 시 계기판의 온도 확인 • 식판 세척상태를 육안으로 관찰 • 세척기를 통과한 식판의 적정 소독 여부를 71℃ thermolabel로 확인하거나, 전기 식기소독고 설정 온도·시간 및 식판에 부착된 thermolabel 변색 확인 • 소독제 희석농도는 test paper나 농도측정기 등을 사용하여 적정농도 확인 • 세척제 잔류 여부는 test paper 또는 페놀프탈레인 지시약을 사용하여 확인 ※ 확인검사 시 시약이 묻은 식기 등은 다시 위생적으로 세척·소독
개선조치	• 세척기의 온수가 기준 온도 도달 후 사용 • 식판 세척상태 나쁘거나 표면에 세제가 잔류할 때 수작업으로 세척하고 즉시 A/S 요청하여 세제 투입량 조절 • 전기 식기소독고의 온도를 상향 조정하여 식판 표면의 온도가 71℃ 이상이 되도록 하고, 개선이 되지 않는 경우 즉시 A/S 요청 • 소독제 희석농도는 test paper나 농도 측정기 등으로 확인하고, 부족 시 추가함
기록지 작성시기	• 세척기와 전기 식기소독고 작동 시, 기구 및 기물류 소독 시

(계속)

기록지 작성요령	• 기록지 A, B, C 중 조리장 여건에 맞는 것을 선택 • 식기세척기 온수온도란 세척기 작동법에 표시된 세척기 가동 전 도달해야 하는 온도로 이 온도를 기록하고 매번 이 온도 이상이 되었는지 확인 • 소독고 설정온도·시간 확인은 71℃ thermolabel을 사용하여 식판을 적절하게 소독할 수 있는 온도와 시간을 설정하여 기록하고 매일 소독고 가동 전 설정온도가 맞는지 확인 • 소독제는 하루 1회 이상 희석 제조해 두고 농도 확인하여 사용하고 제조시간 기록 • 소독제 희석농도 확인란의 ( )속에는 사용 약제의 이름을, ( )ppm에는 사용농도를 기록해 두고 확인 • 월 1회 thermolabel 사용하여 적절히 소독이 되는지 확인하고, 잔류세제를 검사하여 기록지 하단에 기록함. • 관리기준을 초과한 경우 개선조치를 취하고 그 내용을 개선조치 기록란에 작성 **참고사항** • 도마, 고무장갑 등 표면이 매끈하지 않은 기물들은 소독제에 일정 시간 담가 둠 • 세척기로 소독할 경우 월 1회 세척 끝날 무렵에 식판에 71℃ thermolabel을 부착하여 세척기를 통과시키고 변색 여부 확인(스팀보일러 운영의 경우 적용 가능) • 전기 식기소독고로 식판을 소독할 경우 thermolabel은 식판이 가장 많이 포개어져 들어가는 곳의 가운데 식판 중앙 부위(열 전달이 가장 늦은 부위)에 부착하여 확인 • 급식기구 및 기물류 세척과 소독은 세척실에 세정대를 설치하여 실시하거나 전처리실에 식재료가 없을 때 전처리실의 세정대에서 실시(가급적 3조 세정대를 갖추도록 함) • 전처리실이나 세척실이 별도로 분리 설치되지 않은 경우, 조리실에 조리 중인 음식이나 노출된 음식이 없을 때 급식기구 및 기물류 세척과 소독을 실시 • 세척된 기물을 보관하는 선반을 청결하게 유지 ※ 식품 접촉 표면이 내부에 내장되어 있는 기물류(예 : 채소절단기, 분쇄기, 믹서 등)는 분해하여 세척, 소독, 건조 후 조립 ※ 세척·소독 관리가 잘 되지 않는 기물류(예 : 일부 can opener, 채칼, 뜰채의 망, 테두리와 자루, 거품기의 자루, 채소절단기 칼날 등)는 주의를 기울여 세심하게 관리함

(계속)

CP2A. 식품 접촉 표면 세척 및 소독(세척기로 식판 소독이 안 되는 학교)

요일 (일자)	식기 세척 상태		소독고 설정 온도 시간 확인 ( )℃	소독제 제조 시간	소독제 희석농도 확인				작성자 서명
	온수 온도 ( )℃	세척 상태			도마 소독조 (제품명 :)	세정대 (제품명 :)	장갑 소독조 (제품명 :)	칼 소독조 (제품명 :)	
					( )ppm	( )ppm	( )ppm	( )ppm	
월 (/)		양호 불량		AM					
화 (/)		양호 불량		AM					
수 (/)		양호 불량		AM					
목 (/)		양호 불량		AM					
금 (/)		양호 불량		AM					
개선조치 기록									

관리기준	• 식기소독고 내 식판 온도 71℃ 이상	• 기구 및 기물류 소독 시 소독제 희석농도 및 세제 잔류 여부 확인
관리방안	• 식기소독고 설정온도·시간 확인 • thermolabel로 소독 확인	• test Paper나 농도 측정기를 사용하여 소독제 희석농도 확인 • test paper나 페놀프탈레인 지시약을 사용하여 세제 잔류 여부 확인
개선조치	• 전기 식기소독고 온도, 시간 보정	• 재세척 및 소독제 희석농도 조정

잔류세제 확인 여부(월 1회)	( )	검출( ) 불검출( ) 월 일 시
thermolabel 부착 (월 1회)		
월 일 시		확인자 서명 : 확인일자 : 20 . . .(요일)

(계속)

CP2B. 식품 접촉 표면 세척 및 소독(세척기로 식판 소독 가능한 학교)

요일 (일자)	식기세척			소독제 제조 시간	소독제 희석농도 확인				작성자 서명
	온수 온도 ( )℃	세척 상태	헹굼물 온도 ( )℃		도마 소독조 (제품명 :) ( )ppm	세정대 (제품명 :) ( )ppm	장갑 소독조 (제품명 :) ( )ppm	칼 소독조 (제품명 :) ( )ppm	
월 (/)		양호 불량		AM					
화 (/)		양호 불량		AM					
수 (/)		양호 불량		AM					
목 (/)		양호 불량		AM					
금 (/)		양호 불량		AM					
개선조치 기록									

관리기준	• 세척기 통과 식판온도 71℃ 이상	• 기구 및 기물류 소독 시 소독제 희석농도 및 세제 잔류 여부 확인
관리방안	• 세척기 작동법의 지시온도 이상에서 가동 확인 • thermolabel로 소독 확인	• test Paper나 농도 측정기를 사용하여 소독제 희석 농도 확인 • test paper나 페놀프탈레인 지시약을 사용하여 세제 잔류 여부 확인
개선조치	• 세척기 A/S	• 소독제 희석농도 조정 및 재세척

잔류세제 확인 여부(월 1회)	( )	검출( ) 불검출( ) 월 일 시

thermolabel 부착 (월 1회)	
월 일 시	

확인자 서명 :
확인일자 : 20 . . .(요일)

(계속)

CP2C. 식품 접촉 표면 세척 및 소독(세척기가 없는 학교)

요일(일자)	식기 세척 상태	소독고 설정 온도 시간 확인 ( )℃	소독제 제조시간	소독제 희석농도 확인				작성자 서명
				도마 소독조 (제품명 :)	세정대 (제품명 :)	장갑 소독조 (제품명 :)	칼 소독조 (제품명 :)	
				( )ppm	( )ppm	( )ppm	( )ppm	
월 (/)	양호 불량		AM					
화 (/)	양호 불량		AM					
수 (/)	양호 불량		AM					
목 (/)	양호 불량		AM					
금 (/)	양호 불량		AM					
개선조치 기록								

관리기준	• 식기소독고 내 식판 온도 71℃ 이상	• 기구 및 기물류 소독 시 소독제 희석농도 및 세제 잔류 여부 확인
관리방안	• 식기소독고 설정 온도시간 확인 • thermolabel로 소독 확인	• test paper나 농도 측정기를 사용하여 소독제 희석농도 확인 • test paper나 페놀프탈레인 지시약을 사용하여 세제 잔류 여부 확인
개선조치	• 전기 식기소독고 온도, 시간 보정	• 재세척 및 소독제 희석농도 조정

잔류세제 확인 여부(월 1회)	( )	검출( ) 불검출( ) 월 일 시

thermolabel 부착 (월 1회)	
월 일 시	

확인자 서명 :
확인일자 : 20 . . .(요일)

표 9-2는 학교급식의 업무 흐름과 HACCP 시스템에 따른 관련 업무와 활용서식을 제시한 것이다.

표 9-2 급식업무 흐름에 따른 위생관련 업무 및 서식

구분		세부항목	관련 서식 및 관리	HACCP 단계
메뉴 작성				CCP 1
수업시작 시 확인	개인위생		개인위생관리 점검일지(서식 9-1)	
			건강진단증(서식 9-2)	
			냉장고 냉동고 온도 확인 일일 위생점검표(서식 9-3)	CP 1
		온도계, 저울, 조도계, 염도계, 당도계 등 관리		
검수관리			검수일지 식재료규격서	CCP 3
작업관리 계획	공정관리		작업공정관리일지(서식 9-4) 표준레시피, 직무기술서	
	업무분장 및 회의			
작업관리	전처리	생·채소 소독 해동	생·채소 소독일지(서식 9-5) 해동일지(서식 9-8-1)	
	조리	가열온도 준수, 냉각방법 준수	가열온도일지, 작업공정관리일지(서식9-4)/냉각일지	CCP 2, CCP 4
	검식	검식 후 기록	검식일지	
보관 및 배식	보존식	보존식 준비	보존식 기록지(서식9-8-2)	
	배식		작업공정관리일지(서식9-4) /배식 시 온도관리 알레르기정보(서식9-6)	CCP 5
세척·소독	식기·기구 세척 및 소독		세척 및 소독일지(9-7-1~2) 세척 및 소독 희석기록지(서식9-8-3)	CP 2
급식 종료 후	음식물 쓰레기		음식물 폐기관리대장	
	사용한 급식실 정리·정돈·청소		급식실 점검일지 관리	
			일일 위생점검표(서식 9-3)	
	남은 식재료 관리		식재료 재고일지	

(서식 9-1) 개인위생관리 점검일지의 예

개인위생관리 점검일지	결재	조장		지도교수

작성일자	20 년 월 일
범례	적합[O], 부적합[X] (부적합 시 개선조치)

구분	점검항목	조원 성명				
1	신체 질병 및 외상 여부가 있는가? (손 상처, 발열, 설사, 피부병, 복통 등)					
2	작업장 출입 시 복장은 규정대로 작용하였는가? (위생복, 위생모, 위생화, 장갑 등)					
3	위생복, 위생모, 위생화, 장갑 청결상태는 양호한가?					
4	위생복 내에 불필요한 개인 소지품은 가지고 있지 않은가? (휴대폰, 화장품, 거울 등)					
5	두발, 손톱 등 정갈한가?					
6	시계, 반지, 목걸이, 팔찌 등 장신구를 착용하지 않았는가?					
7	가족 중에 신체 질병이 있는가? (설사, 발열, 구토 등)					

이탈내용	개선일자	개선조치 및 결과	조치자

(서식 9-2) 건강진단증 사본 부착

*식품위생법 제40조(건강진단), 시행규칙 제49조(건강진단 대상자)에 의거함
*건강검진 주기는 판정일 기준으로 함

(서식 9-3) 일일 위생 점검표의 예

일일 위생점검표

_________년 _______월 _______일 _______요일

담당자 : (인)

점검 항목	세부 항목	확인	비고
조리장 위생	실습실 온도와 습도	℃ %	
	도마 및 칼 위생 상태		
	냉장고 위생상태		
	냉장고 온도(오전 10℃ 이하)		
	냉장고 온도(오후 10℃ 이하)		
	냉동고 위생상태		
	냉동고 온도(오전 -18℃ 이하)		
	냉동고 온도(오후 -18℃ 이하)		
	오븐 위생상태		
	싱크대 위생상태		
	조리기구 위생상태		
	작업대 내부 기구 위생상태		
	작업대 위생상태		
	가스레인지 위생상태		
	찬장 위생상태		
	식기 세정 및 보관 상태		
	후두 및 환풍기 청소 상태		
	배수구, 트렌치, 수세미 위생상태		
	실습실 바닥의 청소 및 건조상태		
	쓰레기통 및 잔식통 청소 상태		
환경위생	방충망 및 방충문 유·무 상태		
	화장실 위생상태(화장지, 비누, 종이타월 유·무)		
보존식 관리	보존식 냉동고의 온도(-18℃ 이하) 제공된 음식 144시간 이상 보관여부		

*확인 : ㅇ, X로 표시

기기 : 기계와 기구를 통틀어서 이르는 말
기구 : 살림살이나 도구 등을 가리키는 말
기계 : 사람을 대신하여 움직이거나 일을 하는 장치

(서식 9-4) 작업공정 관리일지

작업공정 관리일지

<table>
<tr><td rowspan="2">결재</td><td>담당자</td><td>조장</td></tr>
<tr><td></td><td></td></tr>
</table>

_____년 _____월 _____일 _____요일

<table>
<tr><th rowspan="2">구분</th><th rowspan="2">식품명
음식명</th><th rowspan="2">해동방법</th><th rowspan="2">관리기준</th><th colspan="2">실행 여부</th><th rowspan="2">X시 개선조치</th><th rowspan="2">점검자</th></tr>
<tr><th>O</th><th>X</th></tr>
<tr><td rowspan="6">해동일지</td><td></td><td rowspan="2">유수</td><td>21℃이하 흐르는 물</td><td></td><td></td><td></td><td></td></tr>
<tr><td></td><td>2시간 이내</td><td></td><td></td><td></td><td></td></tr>
<tr><td></td><td rowspan="2">냉장</td><td>10℃ 이하 냉장고</td><td></td><td></td><td></td><td></td></tr>
<tr><td></td><td>72시간 이내</td><td></td><td></td><td></td><td></td></tr>
<tr><td></td><td colspan="2">전자레인지</td><td></td><td></td><td></td><td></td></tr>
<tr><td></td><td colspan="2">그대로 조리</td><td></td><td></td><td></td><td></td></tr>
<tr><td rowspan="6">냉각일지</td><td></td><td colspan="2">60~21℃ / 2시간 이내</td><td></td><td></td><td></td><td></td></tr>
<tr><td></td><td colspan="2">21~10℃ / 4시간 이내</td><td></td><td></td><td></td><td></td></tr>
<tr><td></td><td colspan="2">60~21℃ / 2시간 이내</td><td></td><td></td><td></td><td></td></tr>
<tr><td></td><td colspan="2">21~10℃ / 4시간 이내</td><td></td><td></td><td></td><td></td></tr>
<tr><td></td><td colspan="2">60~21℃ / 2시간 이내</td><td></td><td></td><td></td><td></td></tr>
<tr><td></td><td colspan="2">21~10℃ / 4시간 이내</td><td></td><td></td><td></td><td></td></tr>
<tr><td rowspan="8">보관음식
온도관리</td><td></td><td colspan="2">차가운 음식 5℃ 이하</td><td></td><td></td><td></td><td></td></tr>
<tr><td></td><td colspan="2">차가운 음식 5℃ 이하</td><td></td><td></td><td></td><td></td></tr>
<tr><td></td><td colspan="2">차가운 음식 5℃ 이하</td><td></td><td></td><td></td><td></td></tr>
<tr><td></td><td colspan="2">차가운 음식 5℃ 이하</td><td></td><td></td><td></td><td></td></tr>
<tr><td></td><td colspan="2">따뜻한 음식 60℃ 이상</td><td></td><td></td><td></td><td></td></tr>
<tr><td></td><td colspan="2">따뜻한 음식 60℃ 이상</td><td></td><td></td><td></td><td></td></tr>
<tr><td></td><td colspan="2">따뜻한 음식 60℃ 이상</td><td></td><td></td><td></td><td></td></tr>
<tr><td></td><td colspan="2">따뜻한 음식 60℃ 이상</td><td></td><td></td><td></td><td></td></tr>
</table>

(서식 9-5) 생 채소 및 과일 소독기준 및 관리일지

생 채소 및 과일 소독기준 및 관리일지

결재	담당자	조장

__________년 _______월 _______일 _______요일

기준	구분	단위		양		비고
	물					소독제명 : 준비물 : 페스트 페이퍼, 계량컵, 타이머
	소독제					
	농도					

일자	식품명	단위	수량	소독액 농도 ppm	침지 시간 (5분)	헹굼(흐르는 물)			테스트 페이퍼 부착	실행자
						1차	2차	3차		

*평가기준 : ○, X로 평가

※ 준수해야 할 소독농도를 미리 기록하고 실습합니다.

(서식 9-6) 알레르기 정보

오늘의 식단 알레르기 정보

_______년 _______월 _______일 _______요일

메뉴명 / 식품명							
쇠고기							
돼지고기							
닭고기							
알류							
우유							
고등어							
오징어							
조개류							
게							
새우							
땅콩							
호두							
대두							
밀							
메밀							
토마토							
복숭아							
아황산류							

※ 메뉴에 알레르기 정보를 표시해야 하는 식품이 포함된 경우 'O'으로 표시함

(서식 9-7-1) 세척 및 소독일지/수작업 세척

식품 접촉 표면 세척 및 소독(수작업 세척)

결재	담당자	조장

__________년 _______월 _______일 _______요일

일자	수작업 세척					소독제 제조 시간	소독제 희석농도 확인				점검자 서명
	애벌 세정	세척	헹굼	소독	자연 건조		도마 소독조	세정대	장갑 소독조	칼 소독조	
		ppm		ppm			ppm	ppm	ppm	ppm	
						am/pm					
						am/pm					
						am/pm					
						am/pm					
						am/pm					
						am/pm					
						am/pm					
						am/pm					
						am/pm					
						am/pm					
						am/pm					

*평가기준 : ㅇ, X로 평가

※ 준수해야 할 세척 및 소독농도를 미리 기록하고 실습합니다.

(서식 9-7-2) 세척 및 소독일지/기계 세척

식품 접촉 표면 세척 및 소독(기계 세척)

결재	담당자	조장

__________년 ________월 ________일 ________요일

일자	수작업 세척			소독제 제조 시간	소독제 희석농도 확인				점검자 서명
	온수 온도 (　　)℃	세척 상태	헹굼 물온도 (　　)℃		도마 소독조	세정대	장갑 소독조	칼 소독조	
					ppm	ppm	ppm	ppm	
		양호 불량		am/pm					
				am/pm					
				am/pm					
				am/pm					
				am/pm					
				am/pm					
				am/pm					
개선조치 기록									

관리기준	• 세척기 통과 식판온도 71℃ 이상	• 기구 및 기물류 소독 시 소독제 희석 농도 및 세제 잔류 여부 확인
관리방안	• 세척기 작동법의 지시 온도 이상에서 가동 확인 • thermolabel로 소독 확인	• test paper나 농도 측정기를 사용하여 소독제 희석농도 확인 • test paper나 페놀프탈레인 지시약을 사용하여 세제 잔류 여부 확인
개선조치	• 세척기 A/S	• 소독제 희석농도 조정 및 재세척

*평가기준 : ㅇ, X로 평가

※ 준수해야 할 세척 및 소독농도를 미리 기록하고 실습합니다.

(서식 9-8-1) 해동일지

<table>
<tr><th colspan="3">해동 중</th></tr>
<tr><td colspan="2">식품명</td><td></td></tr>
<tr><td colspan="2" rowspan="2">해동시간
(냉장·유수 해동 시)</td><td>월 일 시 분</td></tr>
<tr><td>월 일 시 분</td></tr>
<tr><td rowspan="5">방법
및
관리
기준</td><td>냉장해동
( )</td><td>10℃ 이하 냉장고에서 72시간 이내</td></tr>
<tr><td>유수해동
( )</td><td>21℃ 이하 흐르는 물에서 2시간 이내</td></tr>
<tr><td>전자레인지
( )</td><td>식품의 표시방법에 의거 해동</td></tr>
<tr><td>그대로 조리
( )</td><td>식품의 표시방법에 의거 조리</td></tr>
<tr><td colspan="2">※ 해당방법의 ( )안에 ○ 표시함</td></tr>
</table>

(서식 9-8-2) 보존식 기록지

<table>
<tr><th colspan="2">보존식 기록지</th></tr>
<tr><td>메뉴명</td><td></td></tr>
<tr><td>보존기간</td><td>월 일 시
월 일 시</td></tr>
<tr><td>관리기준</td><td>-18℃ 이하 냉동고
144시간 이상 보관</td></tr>
<tr><td>담당자</td><td></td></tr>
</table>

(서식 9-8-3) 세척 및 소독 희석기록지

<table>
<tr><th colspan="4">세척 및 소독액 희석방법</th></tr>
<tr><td colspan="2">구분</td><td>단위</td><td>양</td></tr>
<tr><td rowspan="3">세척</td><td>물</td><td></td><td></td></tr>
<tr><td>세척제</td><td></td><td></td></tr>
<tr><td>농도</td><td></td><td></td></tr>
<tr><td rowspan="3">소독</td><td>물</td><td></td><td></td></tr>
<tr><td>소독액</td><td></td><td></td></tr>
<tr><td>농도</td><td></td><td></td></tr>
</table>

2. 실습

실습 주제 : HACCP 시스템의 목적을 알고 급식현장에 적용할 수 있다.

〔실습 1〕 학교급식에 적용되는 중요관리점(CCP)과 일반관리점(CP)의 한계기준과 관리기준을 정리해 본다.

학교급식 HACCP의 CCP와 CP의 한계기준 및 주요 세부기준

구분		특징	한계(관리)기준 및 주요 세부기준	
CCP1				
CCP2				
CCP3				
CCP4	A	장소가 구분이 될 경우		
	B	장소가 구분이 안 되는 경우		
CCP5	A	단독조리 : 식당배식		
	B	단독조리 : 교실배식		
	C	공동조리		
CP1				
CP2	A	세척기로 식판 소독이 안 되는 학교		
	B	세척기로 식판 소독이 가능한 학교		
	C	세척기가 없는 학교		

〔실습 2〕 주어진 조건에 따른 식단 작성하기(대상 및 식단가 : 학교급식 기본방향 기준 급식비 참조)

1. 대상에 따른 에너지 필요추정량 결정하기

1) 대상 :

2) 에너지 필요추정량 :

2. 1일 영양소 구성

열량	당질	단백질	지방
kcal	(%)	(%)	(%)
	(g)	(g)	(g)

3. 1일 식품구성과 3식의 배분

1) 식사구성안을 이용한 권장식사패턴의 식사 섭취횟수와 3식의 배분

식품군		곡류	고기·생선·달걀·콩류	채소류	과일류	우유·유제품	유지·당류
1회 분량 수							
3식의 배분	아침						
	점심						
	저녁						

2) 식품교환표에 의한 1일 식품 교환횟수와 3식의 배분(당뇨병 식품교환표 활용지침 제3판 기준-대한당뇨병학회)

식품군		곡류군	어육류군			채소군	지방군	우유군		과일군
			저지방	중지방	고지방			일반우유	저지방우유	
교환 수										
3식의 배분	아침									
	점심									
	저녁									

4. 식사구성안을 이용한 식단작성의 예

끼니명	음식명	식재료명	식품군별 섭취횟수						1인 기준				(　　)인 기준	
			곡류	고기·생선·달걀·콩류	채소류	과일류	우유·유제품류	유지·당류	순사용량(g)	폐기율(%)	발주량(g)	단가(원)	발주량(g)	식재료비(원)
	교환단위 합계													
	권장섭취횟수													
	1일 권장섭취횟수													

〔**실습 3**〕 실습실의 환경적 여건과 계획된 학교급식 식단의 조리과정을 고려하여 작성해야 할 CCP와 CP 기록지를 선정한 후, 「CCP와 CP 기록지의 관리기준」의 내용을 참조하여 실습 중점 내용을 정리한다.

CCP와 CP를 활용한 학교급식 식단 실습 관리기준

구분		특징	관리기준	실습중점사항
CCP1				
CCP2				
CCP3				
CCP4	A	장소가 구분이 될 경우		
	B	장소가 구분이 안 되는 경우		
CCP5	A	단독조리 : 식당배식		
	B	단독조리 : 교실배식		
	C	공동조리		
CP1				
CP2	A	세척기로 식판 소독이 안 되는 학교		
	B	세척기로 식판 소독이 가능한 학교		
	C	세척기가 없는 학교		

〔실습 4〕 검식 후 검식일지 작성하기

검식표의 예

<table>
<tr><td colspan="3">검식일자</td><td>년 월 요일 (끼니명 :)</td></tr>
<tr><td colspan="3">검식자명</td><td>(직위)</td></tr>
<tr><td colspan="3">식단명</td><td></td></tr>
<tr><td rowspan="2">주식</td><td colspan="2">농도</td><td>□ 무름 □ 적절함 □됨</td></tr>
<tr><td colspan="2">온도</td><td>□ 적합 □ 부적합 (문제점 :)</td></tr>
<tr><td rowspan="6">부식</td><td rowspan="4">조화</td><td>모양</td><td>□ 적합 □ 부적합 (문제점 :)</td></tr>
<tr><td>색</td><td>□ 어울림 □ 보통 □ 안 어울림</td></tr>
<tr><td>재료</td><td>□ 어울림 □ 보통 □ 안 어울림</td></tr>
<tr><td>분량</td><td>□ 많음 □ 적당함 □ 부족함</td></tr>
<tr><td colspan="2">온도</td><td>□ 적합 □ 부적합 (문제점 :)</td></tr>
<tr><td colspan="2">맛</td><td>□ 적합 □ 부적합 (□짜다 □달다 □맵다 □싱겁다)</td></tr>
<tr><td colspan="3">종합평가 및 개선사항</td><td></td></tr>
<tr><td colspan="3">식단 사진 및 주요 조리 장면</td><td></td></tr>
</table>

실습 시 주요 장면과 실습과정을 사진으로 찍어 첨부하세요.

제10장

복지시설 식단 작성과 cook-chill/freeze system

1. 이론적 배경

최근 전 세계적으로 의료기술의 발달과 더불어 노인인구는 증가하고 있으며, 우리나라의 경우도 고령화시대로 진입하면서 정부와 민간단체의 지원으로 다양한 노인복지시설이 운영되고 있다. 일반적으로 노인복지시설은 크게 노인주거복지시설과 노인의료복지시설로 나누며 이와 같은 시설의 급식기준은 다음과 같다. 양로시설과 같은 노인주거복지시설은 「노인복지법 시행규칙」에서 제시하는 「노인주거복지시설의 운영기준」에 의해 각 시설 소속 영양사가 작성한 식단에 따라 급식을 하고 있으며, 영양사가 없는 시설은 소재지 관할 보건소장 또는 다른 시설 등의 영양사의 지도를 받아 식단을 작성하고 있다. 노인의료복지시설인 노인요양기관은 정부보조금으로 운영되지 않으므로 급식단가, 급식비, 종사인력, 식단 작성기준을 정부에서 별도로 정하고 있지 않다.

사회복지시설에서 제공하는 급식비는 매년 보건복지부가 지침으로 '국민기초생활보장사업안내'의 보장시설 수급자 급여기준에 준하는 구호차원의 급식이 운영되고 있다. 또한 사회복지시설의 급식관리기준은 별도로 마련되어 있지 않고 「식품위생법」에 따라 식중독 예방을 위한 위생 및 안전관리에 중점을 두고 관리되고 있을 뿐 급식매뉴얼이나 영양관리기준이 공식적으로 마련되어 있지 않아 급식기관 자체적으로 운영하고 있는 실정이다. 일반적으로 적용되는 노인급식의 영양관리기준은 '한국인 영양소 섭취기준'의 만 64세 이상의 영양소 섭취기준을 참고하여 식단을 작성하고 있다. 이와 같은 복지시설의 상황을 고려한 일정 수준의 급식의 질을 유지하기 위해 적정한 식재료비의 확보는 매우 중요하므로 급식관리자는 합리적인 급식종사자의 인력관리 및 경비절약 방법을 모색하여야 한다.

인건비 상승과 조리기술의 발달은 급식을 운영함에 있어서 기존의 전통적인 형식에서 벗어나 중앙공급식, 조리저장식 및 조합급식 등 새로운 급식체계를 적용하기 시작하였다. 특히 조리저장식 급식체계는 단체급식에서 많이 활용하는 급식방법으로 생산성이 낮고 인건비가 높은 전통적인 급식방법에 비해 인건비 관리에 효율적이다. 조리저장식은 음식을 조리한 직후 급속냉각을 거쳐 냉장 또는 냉동 보관하였다가 급식이 필요한 시점에서 음식을 재가열하여 급식하는 방법으로, cook-chill system은 음식을 조리 후 급속냉각 후 엄격하게 통제된 냉장 시스템(3℃)에서 일정 기간 보관 후 급식 전에 재가열하여 배식하는 방법이다. 그 외에도 조리 후 급속냉각하여 냉동 저장(-18℃ 이하)으로 보관하는 방법을 cook-freeze system이라 하고, 식품원료를 플라스틱 파우치에 진공 포장하여 완전조리 또는 반조리 후 급속냉각하여 배식 전 0~3℃에서 보관하는 방법을 수-비드sous-vide방법이라고 한다. 수-비드방법은 cook-chill system의 저장기간과 재가열을 거치는 동안 발생되는 음식의 미생물적·질적 품질 저하의 문제점을 보완한 방법이다.

노인주거복지시설의 운영기준

2. 급식위생관리

가. 시설의 장은 입소자가 필요한 영양을 섭취할 수 있도록 영양사가 작성한 식단에 따라 급식을 행하여야 한다. 다만, 영양사가 없는 시설의 경우에는 소재지를 관할하는 보건소장 또는 다른 시설 등의 영양사의 지도를 받아 식단을 작성하고 이에 따라 급식하여야 한다.

나. 전염성질환, 화농성창상 등이 있는 자는 입소자의 식사를 조리하여서는 아니 된다.

다. 시설에서 사용되는 음용수의 경우에는 「수도법」 및 「먹는물관리법」이 정하는 바에 따라 수질검사를 받아야 한다.

라. 입소자의 식사를 조리하는 자는 항상 청결을 유지하여야 한다.

출처 : 노인복지법 시행규칙 제17조제2항 관련 [별표 3]에서 발췌 〈개정 2017. 11. 3〉

2018년 보장시설수급자 1인당 월급여 지급 기준(2018 국민기초생활보장사업안내-보건복지부)

지급기준 구분	월평균 급여액	(참조) 1식 단가
전체 평균	238,776원	2,375원
30인 미만 시설	251,849원	2,519원
30인 이상~100인 미만 시설	222,950원	2,202원
100인 이상~300인 미만 시설	219,813원	2,167원
300인 이상 시설	219,236원	2,161원

보장시설 생계급여 단가의 개념

- 1식 평균단가 2,375원은 1끼의 식사를 준비하기 위한 재료비 등의 기준이 되는 개념이 아닌 예산 편성상의 수치일 뿐으로 보장시설에서는 반드시 동 단가에 맞게 식료품비 구입 예산을 편성을 하지 않아도 됨
- 보장시설은 법인전입금·후원금 등의 규모 및 시설 소재 지역사회의 후원 등에 따라 시설의 예산 지출 양상은 다양하므로, 보장시설장은 보장시설 생계급여로 지급되는 보조금의 총액범위에서 수급자에게 적정한 식사와 피복이 지급될 수 있도록 관리·운영하여야 함

2. 실습

실습 주제 : 제시된 조건에 부합되는 식단을 작성하고 cook-chill/freeze system을 활용하여 음식을 생산한다. 검식 후 검식일지를 작성한다.

〔실습 1〕 주어진 조건에 따른 식단 작성하기(대상 및 식단가 : 노인복지시설 2,000~2,500원/식)

1. 대상에 따른 에너지 필요추정량 결정하기

1) 대상 :

2) 에너지 필요추정량 :

2. 1일 영양소구성

열량	당질	단백질	지방
kcal	(%)	(%)	(%)
	(g)	(g)	(g)

3. 1일 식품구성과 3식의 배분

1) 식사구성안을 이용한 권장식사패턴의 식사 섭취횟수와 3식의 배분

식품군		곡류	고기·생선·달걀·콩류	채소류	과일류	우유·유제품	유지·당류
1회 분량 수							
3식의 배분	아침						
	점심						
	저녁						

2) 식품교환표에 의한 1일 식품 교환횟수와 3식의 배분(당뇨병 식품교환표 활용지침 제3판 기준-대한당뇨병학회)

식품군		곡류군	어육류군			채소군	지방군	우유군		과일군
			저지방	중지방	고지방			일반우유	저지방우유	
교환 수										
3식의 배분	아침									
	점심									
	저녁									

4. 식사구성안을 이용한 식단 작성의 예

끼니명	음식명	식재료명	식품군별 섭취횟수						1인 기준				(　　)인 기준	
			곡류	고기·생선·달걀·콩류	채소류	과일류	우유·유제품류	유지·당류	순사용량(g)	폐기율(%)	발주량(g)	단가(원)	발주량(g)	식재료비(원)
	교환단위 합계													
	권장섭취횟수													
	1일 권장섭취횟수													

〔**실습 2**〕 효율적인 급식생산을 위한 메뉴별 조리과정을 작성한다(표준레시피 형식을 이용하여 메뉴별 조리과정을 활용할 수 있음). 활용 가능한 조리기구를 조사해 보고, 각 메뉴별 담당자를 결정하고 조리·생산한다.

식단 조리방법 및 업무분담표 서식의 예

음식명	조리과정	활용 조리기구	업무분담

〔실습 3〕 cook-chill/freeze system을 활용한 약식 만들기(※전 주에 미리 준비하여 재생하여 식단에 반영한다)

약식 레시피

끼니명	음식명	식재료명	식품군별 섭취횟수						1인 기준				( )인 기준	
			곡류	고기·생선·달걀·콩류	채소류	과일류	우유·유제품류	유지·당류	순사용량(g)	폐기율(%)	발주량(g)	단가(원)	발주량(g)	식재료비(원)
점심	약식	찹쌀	0.3						30					
		대추				0.3			5					
		밤	0.05						9					
		잣						0.05	1.8					
		간장							3					
		황설탕						1	10					
		참기름						0.36	1.8					
		계핏가루							0.1					
조리기구	cook-chill/freeze system을 위한 조리기기 : 콤비스팀오븐, 급속냉각기													
조리법	① 찹쌀은 충분히 물에 불린 후 물기를 완전히 제거한다. ② 콤비스팀오븐 super-heated steam 250℃에서 30분간 예열한다. ③ 대추는 돌려깎기하여 3등분하고, 밤은 4등분한다. ④ 물은 불린 찹쌀의 60~70% 계량한다(찹쌀의 불린 정도, 물기 제거 정도에 따라 조절함). ⑤ 분량의 간장, 황설탕, 참기름, 계핏가루, 물을 설탕이 녹도록 잘 섞는다(설탕이 녹지 않으면 찹쌀이 잘 익지 않음). ⑥ 65 mm 팬에 찹쌀을 넣고 대추, 밤, 잣과 양념을 넣고 잘 섞어 뚜껑을 덮는다. ⑦ 오븐 quick steam에서 120℃ 60분간 가열하여 완성한다. 급속냉동하여 냉동 보관한다 ⑧ 완성된 약식을 오븐에서 꺼내서 급속냉각기에 냉각한 후 냉동고에 배식 전까지 보관한다. ⑨ 배식 시(7일 후) 냉동고에서 꺼내어 오븐 재생프로그램에서 30분 정도 가열하여 재생한다. ⑩ 약식의 중심온도가 75℃ 이상을 확인한 후 완성된 약식을 1인분씩 머핀컵 포일 용기에 나누어 담는다.													

〔**실습 4**〕 검식 후 검식일지 작성하기

검식표의 예

<table>
<tr><td colspan="3">검식일자</td><td>년 월 요일 (끼니명 :)</td></tr>
<tr><td colspan="3">검식자명</td><td>(직위)</td></tr>
<tr><td colspan="3">식단명</td><td></td></tr>
<tr><td rowspan="2">주식</td><td colspan="2">농도</td><td>☐ 무름 ☐ 적절함 ☐됨</td></tr>
<tr><td colspan="2">온도</td><td>☐ 적합 ☐ 부적합 (문제점 :)</td></tr>
<tr><td rowspan="6">부식</td><td rowspan="4">조화</td><td>모양</td><td>☐ 적합 ☐ 부적합 (문제점 :)</td></tr>
<tr><td>색</td><td>☐ 어울림 ☐ 보통 ☐ 안 어울림</td></tr>
<tr><td>재료</td><td>☐ 어울림 ☐ 보통 ☐ 안 어울림</td></tr>
<tr><td>분량</td><td>☐ 많음 ☐ 적당함 ☐ 부족함</td></tr>
<tr><td colspan="2">온도</td><td>☐ 적합 ☐ 부적합 (문제점 :)</td></tr>
<tr><td colspan="2">맛</td><td>☐ 적합 ☐ 부적합 (☐짜다 ☐달다 ☐맵다 ☐싱겁다)</td></tr>
<tr><td colspan="3">종합평가 및 개선사항</td><td></td></tr>
<tr><td colspan="3">식단 사진 및 주요 조리 장면</td><td></td></tr>
</table>

실습 시 주요 장면과 실습과정을 사진으로 찍어 첨부하세요.

제11장

단체급식과 이벤트식

1. 이론적 배경

현대생활에서 행사는 큰 규모든 작은 규모든 매우 다양하며, 이런 행사에 음식 제공은 행사에 활력적인 요소가 된다. 최근 들어, 단체급식시설의 다목적 공간 설계와 외식산업의 발달은 특별한 이벤트 행사를 실시하는 것이 더욱 용이하게 되었다. 급식시설 운영자 측면에 있어서 이와 같은 이벤트 행사의 개최는 회사의 이미지 향상, 마케팅 전략 및 기타 복지 측면에 긍정적인 결과를 얻을 수 있다.

이벤트식의 종류는 행사의 특징에 따라 음식의 조리 준비, 상차림과 배식의 형태 등 다양하게 이루어질 수 있다. 예를 들어, 행사장소의 위치와 크기, 피급식자의 수, 행사의 내용 등에 따라 대규모의 연회식 형태의 상차림부터 샐러드바를 활용한 간단한 뷔페식 및 도시락과 같은 소규모의 상차림과 같이 다양하게 이루어질 수 있다.

2. 실습

- 실습 주제 : 단체급식에서 활용할 수 있는 이벤트식을 계획하고, 계획된 식단 구성에 따라 음식을 생산하고 비교 평가한다.

[실습 1] 한식 도시락 만들기(식단가 3,500~4,000원/식)

1. 도시락 상차림 구성의 예(사진)

2. 도시락 조리법

메뉴명	식재료명	1인 기준 발주량(g)	(　　)인 기준 발주량(g)	조리법	조리기구	담당
쌀밥	백미	90		1. 쌀은 깨끗이 씻어 물에 불린 후 가열한다.	가스다단식밥솥	
왜된장국	건미역	0.5		1. 다시마와 가다랭이포를 넣어 물을 끓인 후 왜된장을 넣고 한소끔 끓인다. 2. 미리 불려둔 미역을 잘게 썰어 1에 넣고 끓인 후 마늘을 넣는다. 3. 쪽파는 다 끓인 후 넣어 먹는다.	가스국솥 만능조리기(틸팅팬)	
	왜된장	10				
	쪽파	2.6				
	다시마	1				
	가다랭이포	0.5				
소불고기	쇠고기	50		1. 준비한 쇠고기를 준비한 양념으로 재운다. 2. 소량씩 볶은 후 참깨를 뿌린다. 3. 준비한 상추를 도시락에 깔고 위에 불고기를 얹는다.	틸딩팬 볶음솥	
	양파	11				
	배	5				
	청주	1				
	마늘	1				
	생강	0.5				
	설탕	2				
	대파	2.5				
	간장	3				
	참깨	0.3				
	참기름	0.5				
삼치구이	삼치	78		1. 삼치는 깨끗이 손질하여 5 cm 정도의 크기로 어슷 자른 후 칼집을 넣어 소금에 절인다. 2. 절인 삼치를 씻어 낸 후 물기를 빼고, 간장과 식용유에 버무려두고 오븐에 굽는다. 3. hot air 250℃에서 20분 예열 후 준비한 삼치를 195℃에서 10분간 가열한다.	콤비스팀오븐	
	소금	0.5				
	간장	3				
	식용유	6				
새우튀김	중하(제품)	2(마리)		1. 준비한 새우를 기름을 입힌다. 2. 오븐 hot air 200℃에서 2분 예열 후 준비한 새우를 180℃에서 10분 가열한다.	프라이어	
달걀말이	달걀	30		1. 달걀은 곱게 풀어 소금을 넣고 체에 한 번 내린다. 2. 양파와 당근은 곱게 다져 물기를 제거한 후 1과 섞는다. 3. 팬에 식용유를 두르고 분량의 달걀을 넣고 말면서 지진다	그리들(번철)	
	양파	5.5				
	당근	5				
	소금	0.25				
	식용유	3				

(계속)

메뉴명	식재료명	1인 기준 발주량(g)	( )인 기준 발주량(g)	조리법	조리기구	담당
호박전	호박	20		1. 호박은 얄팍하고 둥글게 썰어 소금을 뿌려 놓는다. 2. 달걀을 잘 풀어놓는다. 3. 1에 밀가루를 가볍게 묻히고 푼 달걀옷을 입힌다. 4. 식용유에 노릇노릇하게 지져낸다.	그리들(번철) 채소슬라이서	
	달걀	6				
	밀가루	3				
	식용유	3				
버섯전	표고버섯	20(소 2)		1. 표고버섯은 따뜻한 물에 불려 기둥을 떼고 물기를 짜서 간장, 설탕, 참기름으로 밑간을 해둔다. 2. 다진 고기와 두부를 잘 섞어 양념한다. 3. 표고 안쪽에 밀가루를 묻히고 고기소를 들어간 쪽에 밀가루를 묻히고 달걀옷을 입혀 은은한 불에서 소가 들어간 쪽을 지지고 뒤집어서 살짝 지진다.	그리들(번철)	
	쇠고기	20				
	두부	8				
	달걀	12				
	밀가루	3				
	식용유	3				
	밑간용 간장	2				
삼색냉채	게맛살	10		1. 게맛살과 달걀지단은 4 cm 크기로 잘게 썰어 준비한다. 2. 당근과 오이도 같은 크기로 채 썰어 소금 간을 한다. 3. 준비한 재료에 준비한 겨자소스를 섞어 차게 준비한다.	채소슬라이서	
	당근	5				
	오이	13				
	달걀	5				
	겨자	0.3				
	설탕	1.2				
	소금	0.3				
	마늘	0.7				
	물	1.2				
브로콜리숙회	브로콜리	50		1. 먹기 좋게 잘게 브로콜리를 손질한 후 잘 씻는다. 2. 소금물에 데친 후 건져 물기를 뺀다. 3. 초고추장을 준비하여 곁들인다.	콤비스팀오븐	
	고추장	3				
	설탕	1				
	식초	1				
	마늘	0.5				
	참깨	0.3				
김치	배추김치	40		1. 준비한 배추김치는 4 cm 크기로 잘라 준비한다.		
과일	방울토마토	30		1. 방울토마토는 잘 씻어 물기를 뺀다. 2. 메론은 2×2 cm 두께로 썰어 준비한다.		
	메론	40				

〔실습 2〕 간이 샐러드바 만들기(식단가 3,500~4,000원/식)

메뉴명	식재료명	1인 기준 발주량(g)	(　)인 기준 발주량(g)	조리법	조리기구	담당
시저 샐러드	로메인상추	20		1. 로메인상추는 세척 후 찬물에 담가 싱싱해지면 수분을 제거하여 먹기 좋은 크기(3×3~4 cm)로 찢는다. 2. 베이컨은 사방 1 cm 정도의 크기로 잘라 팬에 바삭하게 구워 기름을 뺀다. 3. 토마토는 세척 후 먹기 좋은 크기로 잘라 놓는다. 4. 마늘은 편으로 썬 다음 오일을 두른 팬에 볶아 갈색이 나면 빼고 사방을 1 cm로 썬 식빵을 넣고 색이 나도록 은근한 불에서 노릇하게 볶아 준다. 5. 마요네즈에 소금, 후추, 다진 달걀 반숙, 다진 마늘을 넣어 시저 드레싱을 만든다. 6. 물기 없는 곳에 토마토, 로메인상추, 일부의 베이컨, 시저 드레싱을 넣고 버무린 후 크루통, 베이컨을 곁들인 후 치즈가루를 뿌린다.		
	토마토(중)	16				
	치즈가루	2				
	달걀	18				
	마늘	2.6				
	베이컨	4				
	식용유	10				
	식빵	7.5				
	마요네즈	25				
	후춧가루					
	소금					
왈도프 샐러드	사과	44		1. 사과는 껍질을 벗기고 속의 씨도 빼 낸 후 사방 1 cm 크기로 썰어 찬물에 담가 둔다. 2. 셀러리도 연한 줄기 부분을 골라서 껍질을 벗기고 사방 1 cm 정도로 자른다. 3. 호두는 미지근한 물에 불려 꽂이로 속껍질을 벗긴 다음 1 cm 크기로 썰고, 일부는 다져 둔다. 4. 양상추는 세척 후 찬물에 담가 싱싱해지면 수분을 제거하여 먹기 좋은 크기로 찢는다. 5. 사과는 체에 건져 수분을 제거하고 셀러리, 호두, 양상추에 마요네즈 소스와 레몬즙을 넣어 무치고 소금, 후춧가루로 간을 해서 양상추를 간 접시 위에 담고 다진 호두를 뿌린다.		
	셀러리	11				
	호두	5				
	레몬주스	2				
	마요네즈	18				
	양상추	2				
	소금	1				
	백후춧가루	0.05				
파스타 샐러드	스파게티면	18		1. 스파게티 면을 끓는 물에 9분 정도 삶아 체에 받쳐 둔다. 2. 칵테일새우는 소금과 후추에 간을 한 후, 끓는 물에 데친다. 3. 새송이버섯(5×1 cm), 파프리카(1 cm 두께)를 세척 후 잘라 준비한다. 4. 팬에 기름을 두르고 새송이버섯, 파프리카를 굽는다. 5. 스파게티면, 칵테일새우, 새송이버섯, 파프리카, 스위트콘, 모듬새싹에 오리엔탈 드레싱을 버무린 후, 파마산 치즈가루를 뿌려준다.		
	모듬새싹	10				
	칵테일새우	20				
	스위트콘	20				
	새송이버섯	16				
	파프리카	10				
	오리엔탈드레싱	15				
	치즈가루	2				
	식용유	10				
	소금	1				
	후추	0.05				

(계속)

메뉴명	식재료명	1인 기준 발주량(g)	(　)인 기준 발주량(g)	조리법	조리기구	담당
옥수수 수프	스위트콘	80		1. 양파, 감자는 사각썰기하여 기름에 살짝 볶는다. 2. 1의 양파와 감자, 옥수수, 우유를 믹서기에 넣고 갈아준다. 3. 2의 재료들을 냄비에 넣고 끓이면서 생크림, 우유, 버터로 농도를 조절한 후, 마지막으로 후추를 뿌린다.		
	양파	30				
	생크림	60				
	감자	53				
	우유	80				
	버터	5				
	후추	0.05				
순살 닭튀김 (완성품)	간장순살	30		1. 오븐을 예열한다(190℃ 10분간 hot air) 2. 오븐 170℃에 준비된 순살 닭 및 감자를 15~20분 동안 굽는다(익은 상태에 따라 시간을 조절한다).		
	크리스피	60				
	매콤순살	60				
갈릭허브 반달감자		50				
바게트빵 또는 롤빵		50		기호에 따라 오븐에서 3분 정도 굽는다.		
음료		200				

부 록

1. 대상에 따른 에너지 필요추정량 결정하기

1) 대상 :

2) 에너지 필요추정량 :

2. 1일 영양소구성

<table>
<tr><th>열량</th><th>당질</th><th>단백질</th><th>지방</th></tr>
<tr><td rowspan="2">kcal</td><td>(%)</td><td>(%)</td><td>(%)</td></tr>
<tr><td>(g)</td><td>(g)</td><td>(g)</td></tr>
</table>

3. 1일 식품구성과 3식의 배분

1) 식사구성안을 이용한 권장식사패턴의 식사 섭취횟수와 3식의 배분

<table>
<tr><th colspan="2">식품군</th><th>곡류</th><th>고기·생선·
달걀·콩류</th><th>채소류</th><th>과일류</th><th>우유·유제품</th><th>유지·당류</th></tr>
<tr><td colspan="2">1회 분량 수</td><td></td><td></td><td></td><td></td><td></td><td></td></tr>
<tr><td rowspan="3">3식의 배분</td><td>아침</td><td></td><td></td><td></td><td></td><td></td><td></td></tr>
<tr><td>점심</td><td></td><td></td><td></td><td></td><td></td><td></td></tr>
<tr><td>저녁</td><td></td><td></td><td></td><td></td><td></td><td></td></tr>
</table>

2) 식품교환표에 의한 1일 식품 교환횟수와 3식의 배분 (당뇨병 식품교환표 활용지침 제3판 기준-대한당뇨병학회)

<table>
<tr><th colspan="2" rowspan="2">식품군</th><th rowspan="2">곡류군</th><th colspan="3">어육류군</th><th rowspan="2">채소군</th><th rowspan="2">지방군</th><th colspan="2">우유군</th><th rowspan="2">과일군</th></tr>
<tr><th>저지방</th><th>중지방</th><th>고지방</th><th>일반
우유</th><th>저지방
우유</th></tr>
<tr><td colspan="2">교환 수</td><td></td><td></td><td></td><td></td><td></td><td></td><td></td><td></td><td></td></tr>
<tr><td rowspan="3">3식의 배분</td><td>아침</td><td></td><td></td><td></td><td></td><td></td><td></td><td></td><td></td><td></td></tr>
<tr><td>점심</td><td></td><td></td><td></td><td></td><td></td><td></td><td></td><td></td><td></td></tr>
<tr><td>저녁</td><td></td><td></td><td></td><td></td><td></td><td></td><td></td><td></td><td></td></tr>
</table>

4. 식사구성안을 이용한 식단 작성의 예

끼니명	음식명	식재료명	식품군별 섭취횟수						1인 기준				(　　)인 기준	
			곡류	고기·생선·달걀·콩류	채소류	과일류	우유·유제품류	유지·당류	순사용량(g)	폐기율(%)	발주량(g)	단가(원)	발주량(g)	식재료비(원)
	교환단위 합계													
	권장섭취횟수													
	1일 권장섭취횟수													

5. 식품교환표를 이용한 식단 작성의 예

끼니명	음식명	식재료명	식품군별 섭취횟수									1인 기준				(　　)인 기준	
			곡류군	육류군			채소류	과일류	우유군		유지·당류	순사용량(g)	폐기율(%)	발주량(g)	단가(원)	발주량(g)	식재료비(원)
				저지방	중지방	고지방			일반우유	저지방우유							
	교환단위 합계																
	권장섭취횟수																
	1일 권장섭취횟수																

6. 식단표 평가하기 : 작성한 식단을 다음과 같은 항목에 따라 평가한 후 'N', 또는 'I'에 해당되는 경우 문제의 사항을 기록하고 수정 또는 개선사항을 기록한다.

	평가항목	Y	N	I
영양	• 식품군을 골고루 사용하였는가? (곡류, 고기·생선·달걀·콩류, 채소류, 과일류, 우유·유제품, 유지·당류) • 영양소 섭취기준에 알맞은 분량으로 배합되었는가?			
기호	• 색, 질감, 향미, 온도, 농도, 외관, (밥과 김치를 제외한) 식재료와 조리법에 변화를 주어 서로 균형을 이루고 있는가? • 급식대상자에게 전반적으로 만족할 만한 식사계획인가?			
경제	• 계절식품을 구입하였는가? • 예산을 초과하지 않고 적절한 품질의 제품을 구입하였는가?			
능률	• 조리자의 숙련도와 작업 부담을 고려하였는가? • 시설·설비 및 기기의 활용도를 고려한 메뉴구성을 하였는가?			
위생	• 구입, 보관, 조리과정, 조리 후 배식과정에서 위생적인가? • 조리자의 개인위생과 교차위험에 대한 점검 부분이 있는가?			

Y : 예 N : 아니오 I : 개선이 필요함

출처 : 강남이 외, 단체급식, 파워북, 2017

수정 또는 개선 사항 기록표

구분	문제점	수정 및 개선 사항
주식		
국/찌개		
반찬 1		
반찬 2		
반찬 3		
후식		

7. 검식표의 예

<table>
<tr><td colspan="3">검식일자</td><td>년　　월　　요일 (끼니명 :　　　　)</td></tr>
<tr><td colspan="3">검식자명</td><td>(직위　　　　)</td></tr>
<tr><td colspan="3">식단명</td><td></td></tr>
<tr><td rowspan="2">주식</td><td colspan="2">농도</td><td>☐ 무름　☐ 적절함　☐됨</td></tr>
<tr><td colspan="2">온도</td><td>☐ 적합　☐ 부적합 (문제점 :　　　　)</td></tr>
<tr><td rowspan="6">부식</td><td rowspan="4">조화</td><td>모양</td><td>☐ 적합　☐ 부적합 (문제점 :　　　　)</td></tr>
<tr><td>색</td><td>☐ 어울림　☐ 보통　☐ 안 어울림</td></tr>
<tr><td>재료</td><td>☐ 어울림　☐ 보통　☐ 안 어울림</td></tr>
<tr><td>분량</td><td>☐ 많음　☐ 적당함　☐ 부족함</td></tr>
<tr><td colspan="2">온도</td><td>☐ 적합　☐ 부적합 (문제점 :　　　　)</td></tr>
<tr><td colspan="2">맛</td><td>☐ 적합　☐ 부적합 (☐짜다　☐달다　☐맵다　☐싱겁다)</td></tr>
<tr><td colspan="2">종합평가 및 개선사항</td><td colspan="2"></td></tr>
<tr><td colspan="2">식단 사진 및 주요 조리 장면</td><td colspan="2"></td></tr>
</table>

실습 시 주요 장면과 실습과정을 사진으로 찍어 첨부하세요.

참고문헌

(사)대한영양사회, 단체급식 표준조리레시피. 급식관리지도서 별책부록. 2001

(사)대한영양사협회. 급식관리지지침서. 2007

강남이, 조미숙, 조우균, 백희준, 이혜란, 이경란, 오지은. 단체급식. 파워북. 2017

강창동, 최승윤, 안성식. 고객접점서비스가 서비스품질인식, 접점만족, 관계의 질과 관계행동요인에 미치는 영향 연구. 관광연구. 제26권 제 6호. pp1-29

경기도교육청. 학교급식관리실무. 2001

교육부. 학교급식위생관리지침서. 2016

박선재. 환자만족과 환자경험은 한끝 차이. 메디칼업저버. 2016.09.09

백옥희, 윤기선, 한은숙, 김옥선, 고성희. 식품구매. 파워북. 2012

보건복지부, 2015 한국인 영양소 섭취기준.

보건복지부. 2018 국민기초생활보장사업안내. 2018

보건복지부. 국민건강영양조사 원시자료 이용지침서. 질병관리본부. 2017

국가법령정보센터. 노인복지법 시행규칙, 노인주거복지시설의 운영기준. http://www.law.go.kr/lsInfoP.do?lsiSeq=202054&efYd=20180207#0000

국가법령정보센터. 농수산물의 원산지 표시에 관한 법률 시행규칙. http://www.law.go.kr/lsInfoP.do?lsiSeq=194036&efYd=20170603#AJAX

국가법령정보센터. 식품위생법. http://www.law.go.kr/lsInfoP.do?lsiSeq=199799&efYd= 20171219 #0000

국가직무능력표준. NCS(국가직무능력표준)이란?. https://www.ncs.go.kr/th01/TH-102-001-01.scdo

대한당뇨병학회. 당뇨병과 식생활. /www.diabetes.or.kr/general/food/sub02.php?idx=3

서울특별시교육청. 2018학년도 학교급식 기본방향. http://food.sen.go.kr/foodNewsView.do

한국식품관리인증원. HACCP. https://www.haccp.or.kr/site/haccp/main.do

Chefs Resources. Professional Chef Excel Recipe Templates.http://www.chefs-resources.com

찾아보기

저자 소개

허채옥
한양대학교 대학원 이학박사
현재 한양여자대학교 식품영양과 명예교수

백희준
한양대학교 대학원 이학박사
현재 한양여자대학교 식품영양과 교수

조우균
이화여자대학교 대학원 이학박사
현재 가천대학교 식품영양학과 교수

이혜란
이화여자대학교 대학원 이학박사
현재 배화여자대학교 식품영양과 교수

어금희
세종대학교 대학원 외식경영학박사
현재 한양여자대학교 식품영양과 겸임교수

영양사 직무능력 향상을 위한
단체급식 실습서

2018년 8월 25일 초판 인쇄
2018년 8월 30일 초판 발행

지은이 | 허채옥·백희준·조우균·이혜란·어금희
발행인 | 유제구
발행처 | 파워
주 소 | 경기도 고양시 일산동구 호수로 358-25
동문타워 2차 529호
전 화 | (02) 730-1412
팩 스 | (031) 908-1410
등 록 | 1997년 1월 31일 제2014-000067호

정 가 20,000원
ISBN 978-89-8160-380-9 (93590)